InDesign プロフェッショナルの教科書

SAMPLE DOWNLOAD

森 裕司 [著]

正しい組版と効率的なページ作成の最新技術

CC 2018 / CC 2017 / CC 2015 / CC 2014 / CC / CS6 対応版

エムディエヌコーポレーション

©2018 Yuji Mori

Adobe、InDesignはAdobe Systems Incorporated（アドビシステムズ社）
の米国ならびに他の国における商標または登録商標です。
その他、本書に掲載した会社名、プログラム名、システム名、CPUなどは一
般に各社の商標または登録商標です。本文中では™、®は明記していません。

本書のプログラムを含むすべての内容は、著作権法上の保護を受けていま
す。著者、出版社の許諾を得ずに、無断で複写、複製することは禁じられ
ています。
本書記載のURLからダウンロードできるデータの著作権は、すべて各著作
権者に帰属します。学習のために個人で利用する以外は一切利用が認めら
れません。
複製・譲渡・配布・公開・販売に該当する行為、著作権を侵害する行為
については、固く禁止されていますのでご注意ください。
著者、出版社は、本書に掲載した内容によって生じたいかなる損害に一切
の責任を負いかねます。予めご了承ください。

FOREWORD
はじめに

InDesignは、ページ物を制作するためのアプリケーションです。テキストや写真、イラスト、図などをドキュメントに配置してレイアウトしていきますが、作業を効率良くこなすために多くの機能が用意されています。しかし、高機能ゆえ、意外に知られていない機能や、どんなときに使用するのかよく分からない機能が多く存在するのも事実です。

本書では、テキストへの繰り返しの書式設定や複数画像の配置、キャプションの作成など、覚えておけば通常よりも素早く作業を終えられる多くの機能を紹介しています。知っているのと知らないのとでは、作業時間に大きく差がつきます。この機会にぜひ、覚えておきましょう。また、文字組みや文字詰め処理など、素早く美しく「組む」ための機能も詳しく解説しています。数多くある詰めの機能が、それぞれどのような動作をするのかは意外と知らない人も多く存在します。

本書は、初心者の方はもちろん、仕事でバリバリInDesignを使っている方にも非常に役立つ内容となっています。前半部分には、InDesignで作業する上で覚えておきたい機能のあれこれ。後半部分ではケーススタディとして、実際に印刷物を制作する上での手順を、いくつかの制作物を基に解説しています。特に後半部分では、「えっ、こんな方法があるの?」といった作成方法もきっと見つけることができるかと思います。実際のお仕事に活かしていただければ幸いです。

なお、本書は前作の改訂版となっています。おかげさまで前作が好評となり、重版に至ったことで、今回、最新のバージョンであるCC 2018にも対応した改訂版を出すことができました。この場をお借りしてお礼申し上げます。

2018年2月　森 裕司（InDesignの勉強部屋）

CONTENTS
目次

本書の使い方 _____ 007

第1部 基礎解説編

CHAPTER 01
作 業 環 境

01 環境設定と初期設定 _____ 010

Technique
アプリケーションデフォルトとドキュメントデフォルト 011

環境設定をデフォルトに戻す _____ 012

02 表示モード _____ 013

03 ワークスペース _____ 014

04 カラー設定 _____ 015

05 キーボードショートカット _____ 016

CHAPTER 02
ド キ ュ メ ン ト の 作 成

01 InDesignで扱うフレーム _____ 018

02 新規ドキュメントの作成 _____ 020

Memo
［裁ち落とし］と［印刷可能領域］ _____ 021

03 ページのコントロール _____ 022

Attention
ページ操作の注意点 _____ 024

04 マスターページの運用 _____ 026

Technique
左右イレギュラーなノンブルを付けたい _____ 028

マスターページのオブジェクトを
ドキュメントページで編集する場合 _____ 031

CHAPTER 03
文 字 と 組 版

01 2つのテキストフレームの違い _____ 036

Memo
フォント変更は「フレームグリッド設定」ダイアログで 037

02 テキストフレームの連結 _____ 040

03 テキストの配置 _____ 041

Technique
ファイル形式に応じて読み込み方をコントロールする 042

読み込むテキストの組み方向を指定する _____ 042

Memo
スマートテキストのリフロー処理 _____ 043

04 書式設定 _____ 044

Memo
段落パネルの［ノド揃え］と［小口揃え］ _____ 044

05 字形の挿入 _____ 049

Memo
文字の前後関係に依存するコントロール _____ 049

Technique
字形パネルの便利な使い方 _____ 051

06 縦中横 _____ 052

Technique
縦中横の中で組み数字を指定する _____ 053

07 段落境界線 _____ 054

08 段落の囲み罫と背景色 _____ 057

Memo
複数の段落に一つの囲み罫や背景色を適用する 058

09 見出しの処理 _____ 059

10 合成フォント _____ 061

11 禁則処理と禁則調整方式 _____ 064

12 文字組みアキ量設定 _____ 066

Memo
「文字組みアキ量設定」を非表示にする _____ 068

13 コンポーザー _____ 071

14 文字詰め処理 _____ 073

Attention
カーニングがゼロなのに字間が詰まる？ _____ 076

Memo
［文字前のアキ量］と［文字後のアキ量］を使用する 076

15 段落スタイルと文字スタイルを使いこなす 077

Attention
段落スタイルパネルと文字スタイルパネルのデフォルト 079

Technique
他のドキュメントからスタイルを読み込む _____ 080

16 オブジェクトスタイルとグリッドフォーマット 089

17 表の作成 _____ 093

Memo
「Microsoft Excel読み込みオプション」の［テーブル］ 094

18 表のコントロール _____ 095

Memo
グラフィックセル _____ 102

CHAPTER 04
画像、図版、カラー

01 画像の配置 ___ 104

02 画像の位置・サイズの調整 ___ 106

Memo
コンテンツグラバー ___ 107
「オブジェクトサイズの調整」コマンドの画面位置 ___ 109
実際の画像の状態を確認する ___ 109

Technique
ツールの切り換えが面倒な場合 ___ 108
「フレーム調整オプション」を
オブジェクトスタイルとして運用する ___ 110

03 リンクのコントロール ___ 111

Technique
リンクの状態を表すアイコン ___ 112

04 画像へのテキストの回り込み ___ 113

Memo
回り込みの領域を表すラインの編集 ___ 114

05 画像を切り抜き使用する ___ 115

Attention
画像が切り抜かれた状態で配置されない ___ 115

Technique
アルファチャンネルを
クリッピングパスに変換して画像を切り抜く ___ 118

06 アンカー付きオブジェクト ___ 119

07 コンテンツ収集（配置）ツール ___ 122

Memo
コンベヤーからオブジェクトを配置する ___ 124

Technique
コンテンツ収集（配置）ツールで
複製したオブジェクトを修正する ___ 124

08 CCライブラリ ___ 125

Technique
ライブラリを共同利用する ___ 126

09 スウォッチの作成と管理 ___ 128

Memo
カラーパネルで作成したカラーをスウォッチに登録する ___ 128
濃淡スウォッチとグラデーションスウォッチの作成 ___ 129
スウォッチを削除する ___ 129

10 特色の掛け合わせカラーの作成 ___ 130

Attention
混合インキグループの注意点 ___ 132

CHAPTER 05
出力と書き出し

01 ドキュメントのチェックとパッケージ ___ 134

Memo
パッケージの際のチェック項目 ___ 139

02 プリントと書き出し ___ 140

03 Publish Online ___ 144

第2部 ケーススタディ

CHAPTER 01
文芸書

01 制作の流れ ___ 148

02 新規ドキュメントの作成 ___ 150

03 ノンブル・柱を作成する ___ 151

Attention
見開きにまたがる画像を配置するときの注意点 ___ 153

04 テキストを配置して書式を設定する ___ 154

Memo
自動でページを追加する設定 ___ 154
［プライマリテキストフレーム］の機能 ___ 155
フレームグリッドを使用する場合のフォント設定 ___ 155

05 縦中横を設定する ___ 156

06 段落スタイルを作成する ___ 157

07 ルビ・圏点・異体字を設定する ___ 158

Technique
置換するダーシの数が多い場合の対処法 ___ 159

08 見出しを設定する ___ 160

Memo
段落スタイルの［基準］の設定 ___ 161
長文テキストの見出しの処理 ___ 163

09 目次を作成する ___ 164

Memo
目次の更新 ___ 165

10 索引を作成する ___ 167

Memo
「新規ページ」の参照 ___ 168

CHAPTER 02
雑誌（見開き）

01 制作の流れ 172

02 合成フォントの作成 174

> **Memo**
> 合成フォントの設定のコツ 175

03 新規ドキュメントの作成 176

04 ノンブル・柱の作成 177

05 本文テキストの配置とスタイルの作成 179

> **Attention**
> 段落スタイルの親子関係 182
> CSとCCのダブルミニュート 183

06 先頭文字スタイルの設定 184

> **Memo**
> 先頭文字スタイルの設定フィールド 184

07 画像の配置と回り込みの設定 185

> **Attention**
> ［テキストの回り込み］を実行する際の注意点 187

08 仕上げ 193

CHAPTER 03
カタログ

01 制作の流れ 196

02 新規ドキュメントの作成 198

03 マスターページを設定する 199

04 背景とヘッダーを作成する 201

> **Technique**
> 文字パネルの［言語］の欧文設定 202

05 フレーム枠を作成する 203

> **Technique**
> オブジェクトを均等の間隔で複製する方法 204

> **Memo**
> オブジェクトスタイルの登録 205

06 画像を配置し、位置を調整する 206

> **Technique**
> 画像をグラフィックフレームにフィットさせるコマンド 207

07 テキストを配置し、段落スタイルを作成する 208

> **Technique**
> ［次のスタイル］の適用方法 212

08 オブジェクトスタイルを運用する 213

CHAPTER 04
旅行パンフレット

01 制作の流れ 216

02 新規ドキュメントの作成 218

03 ヘッダー部分を作成する 219

> **Technique**
> ［メトリクス］と［プロポーショナルメトリクス］ 220
> InDesignでの切り抜き処理 223

> **Memo**
> 文字パネルの［文字ツメ］とは 221

04 画像の配置とキャプションの作成 225

> **Memo**
> ライブキャプションの機能 226

> **Technique**
> キャプションの作成 228

05 表を作成する 229

> **Technique**
> 「配置」のオプション表示 229
> アンカー付きオブジェクト 235

> **Attention**
> Excelの表を読み込むときの注意点 229

CHAPTER 05
特色2色の印刷物

01 制作の流れ 238

02 準備と新規ドキュメントの作成 240

03 混合インキを作成する 241

> **Memo**
> 混合インキのスウォッチの内容を確認する 242

04 背景を作成する 243

05 画像を配置し、混合インキを適用する 246

> **Memo**
> 画像の配置の手段 247

06 テキストを入力し、混合インキを適用する 248

07 特色を変更する 251

> **Attention**
> 画像のカラーを変更する 251

用語索引 252

HOW TO USE
本書の使い方

本書は、InDesignを用いた組版・ドキュメント作成を、美しく効率的に行う方法を解説したガイドブックです。本書は次のような構成になっています。

第1部 基礎解説編

InDesignを快適に使用するための作業環境、その後の作業のことを考慮した新規ドキュメントの準備から、具体的に組版を行うためのフレームや文字・文字組みのコントロール、表・図形・画像の適切な処理方法、そして出力までを第1部で解説しています。数あるInDesignの機能の中から最も適したものを抽出・組み合わせた「プロの手法」を学び取ることができます。

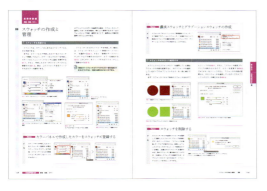

第2部 ケーススタディ

伝統的な組版ルールをシンプルに使った文芸書、大胆なデザインの雑誌ページ、大量のデータ処理を要求されるカタログ、限られたスペースに多数の情報を正確に読みやすくレイアウトしなければならない旅行パンフレット、InDesignの機能を活かした特色2色の印刷物、という5つの作例の作成手順を通じて、実際の現場のテクニックを紹介します。

本書で紹介している操作や効果をお試しになる場合は、Adobe InDesign CC 2018～CS6のいずれかの製品版が必要となります。あらかじめご了承ください。

WindowsとMacの違いについて

本書の内容はWindowsとMacの両プラットフォームに対応しています。WindowsとMacで操作キーが異なるときは、Windowsの操作キーをoption〔Alt〕のように〔 〕で囲んで表記しています。

InDesignのバージョンについて

本書の内容は、InDesign CC 2018、CC 2017、CC 2015、CC 2014、CC、CS6に対応しています。紙面は基本的にCC 2018で解説しています。解説内容にバージョンの違いがある場合はその都度紹介しています。

本書掲載のキャプチャー画像について

本書解説中のキャプチャー画像では、InDesignインターフェイスのカラーテーマについて、デフォルトと異なる設定を使用しております。インターフェイスの外観（色）がデフォルトとは異なりますが、操作・手順等に影響はございません。

ダウンロードデータについて

下記URLのダウンロードページから「第2部ケーススタディ」で操作解説を行っている記事の解説用のデータをダウンロードできます。ご利用の際は「はじめにお読みください」ファイルを必ず先にお読みください。

収録しているInDesignドキュメント（.indd）はCC 2018形式です。その他のバージョンで開く場合は、同梱のIDMLファイルを用いてください。

※ダウンロードデータは紙面での解説をお読みいただく際に、参照用としてのみ使用することができます。その他の用途での使用、配布は一切禁止します。

※ダウンロードデータに収録されているファイルを実行した結果については、著作権者、株式会社エムディエヌコーポレーションは、一切の責任を負いかねます。お客様の責任においてご利用ください。

参照用ダウンロードデータ

第2部ケーススタディ

https://dl.mdn.co.jp/3217303026/

第1部 基礎解説編

CHAPTER 01
作 業 環 境

01 環境設定と初期設定

02 表示モード

03 ワークスペース

04 カラー設定

05 キーボードショートカット

基礎解説編
作業環境

01 環境設定と初期設定

InDesignを使う上で基本となる設定は環境設定で行う。多くの設定項目はデフォルト設定のままでも大丈夫だが、自分が使いやすいように設定を変更しておくとよいだろう。まずはそれぞれの意味を見てみよう。

環境設定

「InDesign」メニュー（Windowsでは「編集」メニュー）から"環境設定"を選択すると「環境設定」ダイアログが表示される。ここでInDesignを使用する際の基本的な設定が可能だ。このダイアログでは、どのようにInDesignを使用するかを指定できるので、自分が作業しやすいよう、目的に応じて設定しておきたい。環境設定にはさまざまな項目が用意されているが、ここではポイントとなるいくつかの項目について解説しよう。

一般

［ページ番号］の［表示］には、［セクションごと］あるいは［ページごと］のいずれかを選択できる01。［セクションごと］を選択すると、ページパネルのページアイコンには実際のページ番号が表示され、［ページごと］を選択すると1ページ目からの通し番号が表示される。

インターフェイス

［アピアランス］の［カラーテーマ］を切り替えることで、各パネルのカラーを変更できる。好みに応じて変更しておくとよいだろう。なお、［ペーストボードにテーマカラーを適用］をオンにすると、ペーストボードにも［カラーテーマ］で指定したカラーが反映される。オフの場合は、ペーストボードは白で表示される。

また、［フローティングツールパネル］では［縦長パネル］、［アドビ標準パネル］、［横長パネル］のいずれかを選択できるので、ツールパネルを使いやすい表示にしておくとよいだろう02。

高度なテキスト

［デフォルトのコンポーザー］の［コンポーザー］には、デフォルト設定で［Adobe日本語段落コンポーザー］が選択されているが、多くの印刷会社では［Adobe日本語単数行コンポーザー］が推奨されている。社内で［Adobe日本語単数行コンポーザー］が推奨されている場合には、切り替えておくとよいだろう03。

01 ［一般］の設定項目

02 ［インターフェイス］の設定項目

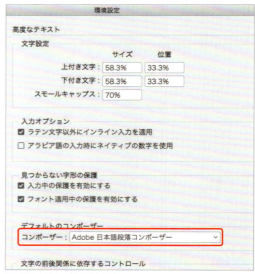

03 ［高度なテキスト］の設定項目

単位と増減値

[定規の単位]と[他の単位]では、使用する単位を指定する。デフォルト設定では[級]や[歯]、[ミリメートル]が指定されているが、[ポイント]など、他の単位を使用したい場合は目的のものに変更しておく。なお、[開始位置]はデフォルト設定では[スプレッド]となっており、見開きベースでの定規が表示されるが、ページ単位での定規を表示したい場合には[ページ]に変更しておくとよい。

また[キーボード増減値]では、一度のキーボード操作による各項目の増減値を指定できる。こちらも自分がよく使用する値に変更しておくとよい04。

ガイドとペーストボード

ここでは各ガイドのカラーやペーストボードのマージンを設定する。[スマートガイドオプション]の各項目を無効にすることもできる。デフォルト設定ではすべてオンになっているが、オブジェクトが入り組んでおり、スマートガイドの表示が煩わしい場合には、目的に応じてオフにする05。

黒の表示方法

[スクリーン]と[プリント/書き出し]のデフォルト設定は、[すべての黒をリッチブラックとして表示]になっているが、[すべての黒を正確に表示]に変更しておくのがお勧めだ。[すべての黒をリッチブラックとして表示]を選択した場合、K100％もリッチブラックも同じ黒（リッチブラック）として、スクリーン表示やプリントに使用される。これに対し、[すべての黒を正確に表示]を選択した場合、K100％とリッチブラックは正確にスクリーン表示やプリントに使用される06。

Technique アプリケーションデフォルトとドキュメントデフォルト

InDesignでは、フォントやフォントサイズ、線幅など、ドキュメントを何も開いていない状態でさまざまな項目を設定することが可能だ。ドキュメントを何も開いていない状態での設定を「アプリケーションデフォルト」と呼び、以後、新規で作成するドキュメントすべてにその設定が反映される。よく使用する設定にしておくとよいだろう。また、ドキュメントを開いた状態での設定を「ドキュメントデフォルト」と呼び、この設定は他のドキュメントには引き継がれない。なおIllustratorでは、ドキュメントを何も開いていない状態で各項目を設定することはできない。

---

04 [単位と増減値]の設定項目

ここで解説していない、その他の環境設定に関する詳細は、「InDesignユーザーガイド(https://helpx.adobe.com/jp/indesign/user-guide.html)」を参照しよう。なお、筆者のWebサイトでも、環境設定を詳細に解説したドキュメント(PDF)を無償公開しているので参考にしてほしい。
https://study-room.info/data/Chapter_1.pdf

05 [ガイドとペーストボード]の設定項目

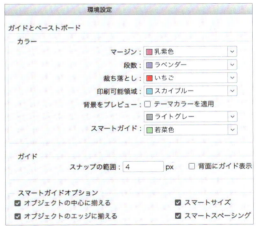

06 [黒の表示方法]の設定項目

基礎解説編

Technique 環境設定をデフォルトに戻す

環境設定をインストール時のデフォルト設定に戻すには、Macの場合、command + shift + option + controlキーを押しながらInDesignを起動し、表示されるダイアログで[はい]をクリックする。Windowsの場合、InDesignを起動後すぐにShift + Ctrl + Altキーを押し、表示されるダイアログで[はい]をクリックする。なお、「環境設定」ダイアログを表示中にoption（Alt）キーを押すと、[キャンセル]ボタンが[リセット]ボタンに変化し、「環境設定」ダイアログを開いてから変更した箇所を元に戻すことができる。その際、以前の設定内容が削除されるわけではない。

初期設定

「環境設定」ダイアログで設定した内容やカラー設定、ショートカット、ワークスペースなどの設定は、初期設定として自分のマシンに保存される。この設定は以下の場所に保存されるが**07**、初期設定が壊れたときのためにバックアップを取っておくとよいだろう。

- ●Macの場合
  Macintosh HD/ユーザ/<ユーザー名>/ライブラリ/Preferences/Adobe InDesign/Version<バージョン>-J/ja_JP

- ●Windows 10 ／ 8 ／ 7 ／ Vistaの場合
  C:¥Users¥<ユーザー名>¥AppData¥Roaming¥Adobe¥InDesign¥Version<バージョン>-J¥ja_JP

- ●Windows XPの場合
  C:¥Documents and Settings¥<ユーザー名>¥Application Data¥Adobe¥InDesign¥Version<バージョン>-J¥ja_JP

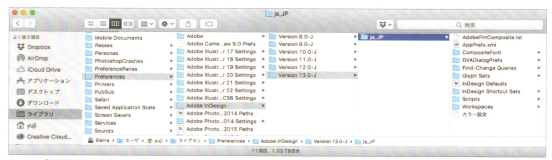

07 Macの「初期設定」保存場所

タッチインターフェイス

CC 2015.2（11.2.0.99ビルド）より、タッチインターフェイスの機能が追加された**08**。この機能は、2in1（ツー・イン・ワン）のデバイスで、キーボードを外した際にタブレットモードで動作するというもの。タッチインターフェイスでは、通常のInDesignに比べ、ツールが大幅に少ないのが分かるが、複雑な内容でなければ、問題なく作業できる。

08 タブレットモードで動作するInDesign

基礎解説編
作業環境

02 表示モード

InDesignには、いくつかの表示モードが用意されており、目的に応じて表示モードを切り替えながら作業すると便利。なお、フレーム枠だけや、レイアウトグリッドだけなど、個別に非表示にすることも可能だ。

表示モードの切り替え

通常の作業時は、フレーム枠やガイド、グリッドなど、実際には印刷されないオブジェクトも画面上に表示される。しかし、作業内容によってはこれらのアイテムが表示されない方が作業しやすいこともある。このような場合、表示モードを切り替えると便利だ。ツールパネルの一番下にある[表示モード]から目的のものを選択すればOKだ **01**。なお、Wキーを押すことで[標準モード]と[プレビュー]を切り替えることができる。

このように、[表示モード]を切り替えると印刷されないオブジェクトをすべて非表示にすることができるが、アイテムごとに個別に非表示にするコマンドも用意されている。これらのコマンドは表示メニューの"エクストラ"と"グリッドとガイド"に用意されており、フレーム枠やガイド、レイアウトグリッド、フレームグリッドなど、目的に応じて個別に各アイテムの表示／非表示を切り替えることができる **02-1** ／ **02-2**。作業内容に応じて切り替えながら作業するとよいだろう。

02-1 "エクストラ"で選択できる項目

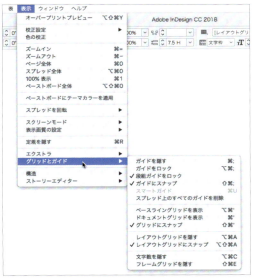

02-2 "グリッドとガイド"で選択できる項目

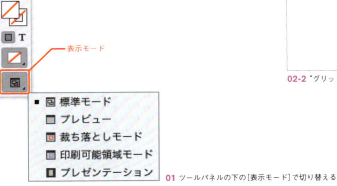

01 ツールパネルの下の[表示モード]で切り替える

表示モード **02** 013

基礎解説編
作業環境

03 ワークスペース

作業内容に応じて、表示させるパネルの種類や位置、メニューの内容は自由に変えることができる。これを自分好みのワークスペースとして保存しておくと、いつでも保存したときの状態を呼び出すことが可能だ。

ワークスペースの保存

どのパネルを表示させて、どの位置にパネルを置いておくかは、人それぞれ好みがあり、作業効率にも大きく影響する。InDesignでは、各パネルの位置やサイズ、メニュー項目の表示／非表示をワークスペースとして保存しておくことができる。まず、パネルなどを保存しておきたい状態にセットしたら、ウィンドウメニューから"ワークスペース"→"新規ワークスペース..."を選択する**01-1**。「新規ワークスペース」ダイアログが表示されるので、任意の[名前]を付けて、[OK]ボタンをクリックする**01-2**。後はウィンドウメニューの"ワークスペース"から目的のものを選択すれば、いつでもそのワークスペースを保存したときの状態にすることができる。

なお、現在のワークスペースからパネルなどの状態を変更してしまった時は、ウィンドウメニューから"ワークスペース"→"「ワークスペース名」をリセット"を選択すれば、元の状態にリセットできる**02**。

ワークスペースは複数保存できるので、「テキスト編集用」、「画像編集用」といったように複数保存しておくと作業しやすい。

01-1 "新規ワークスペース..."を選択

02

01-2 保存するワークスペースには名前を付けることができる

CHAPTER 01　作業環境

基礎解説編 — 作業環境

04 カラー設定

カラーマネジメントをきちんと実行するためにも、カラー設定は重要。InDesign、Photoshop、Illustratorのすべてのアプリケーションを同じカラー設定にしておく必要があるため、設定はAdobe Bridgeから行う。

カラー設定

きちんと色を管理するために重要なのが「カラー設定」だ。InDesignでは、編集メニューから"カラー設定..."を選択すると**01-1**、「カラー設定」ダイアログが表示され、どのようにカラーマネジメントを行うのかを指定できる**01-2**。

ただし注意したいのは、PhotoshopやIllustratorのカラー設定も同じにしておく必要があるということ。異なる設定にしていると、アプリケーションごとに異なる色で表示されてしまう。そこで、Adobe Bridge CCからカラー設定を行う。Bridgeから設定することで、Adobe製品のカラー設定をまとめて同期できる。アプリケーションごとに異なる設定で作業してしまうといったトラブルを防ぐこともできるのでお勧めだ。

まず、Bridge CCを立ち上げたら、編集メニューから"カラー設定..."を選択する**02-1**。「カラー設定」ダイアログが表示されるので、目的のカラープロファイルを選択して[適用]ボタンをクリックする**02-2**。ダイアログ左上に「同期しています」と表示されればOKだ。

なお、[カラー設定]には印刷会社から指定されたプロファイルを選択するのがベストだが、プロファイルを指定されることはまれ。その場合、印刷目的であれば「プリプレス用 - 日本2」を指定しておくのがお勧め。

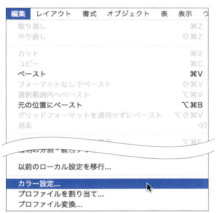

01-1 InDesignの編集メニュー→"カラー設定..."を選択

02-1 Bridge CCで編集メニュー→"カラー設定..."を選択

01-2 InDesignの「カラー設定」ダイアログ

02-2 Bridge CCの「カラー設定」ダイアログ

基礎解説編
作業環境

05 キーボードショートカット

素早くコマンドを実行するために覚えておきたいのがキーボードショートカット。InDesignでは、ショートカットのないコマンドに新たにショートカットを割り当てたり、ショートカットを変更することが可能だ。

キーボードショートカット

作業を素早く進めるのに欠かせないのがキーボードショートカット。メニューから選択するよりも素早くコマンドを実行でき、使いこなすほど作業効率は上がる。多くのコマンドにはショートカットが用意されているが、ショートカットが用意されていないコマンドもある。また使いにくいために変更したいショートカットもあるだろう。そのようなときには、自分が使いやすいようにショートカットをカスタマイズしたセットを作成可能だ。

ショートカットのカスタマイズ

まず、編集メニューから"キーボードショートカット..."を選択すると、「キーボードショートカット」ダイアログが表示される01。あらかじめいくつかのセットが用意されているが、自分でカスタマイズしたセットを作りたい場合には[新規セット...]ボタンをクリックする。「新規セット」ダイアログが表示されるので、[名前]を入力して[OK]ボタンをクリックする02。このとき、[元とするセット]には、カスタマイズするのに使用するベースとなるセットを選択しておく。

「キーボードショートカット」ダイアログに戻るので、ショートカットを新たに割り当てたい、あるいは変更したいコマンドを選択する。ここでは[元の位置にペースト]コマンドにショートカットを割り当ててみたいので、[機能エリア]に"編集メニュー"を選択し、[コマンド]に[元に位置にペースト]を選択した。

次に[新規ショートカット]フィールドにカーソルを置き、実際に使用したいショートカットを直接入力する03。このとき「割り当てなし」と表示されれば、そのショートカットは使用することができるが、「現在の割り当て：○○○」と表示される場合には、すでにそのショートカットは別のコマンドで使用されているため、登録できない。他のコマンドとかぶらないショートカットを指定するようにしよう。設定ができたら[保存]ボタンをクリックし、[セット]に目的のものを指定すれば、登録したショートカットが使えるようになる。

01 「キーボードショートカット」ダイアログ

02 セットの名前を付ける

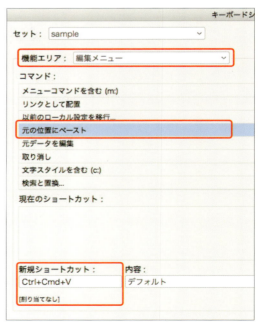

03 図の例では「割り当てなし」と表示されたので、[保存]をクリック

CHAPTER 02
ドキュメントの作成

01 InDesignで扱うフレーム

02 新規ドキュメントの作成

03 ページのコントロール

04 マスターページの運用

基礎解説編
ドキュメントの作成

01 InDesignで扱うフレーム

InDesignのフレームは、配置する内容に応じて属性が変化し、また形状も自由に変形が可能だ。非常に自由度が高いのが、InDesignのフレームの大きな特徴となっている。まずは、フレームの性質について押さえておこう。

4つのフレームの性質

ペンツールや線ツール、鉛筆ツールで描画するパスオブジェクトを除くと、InDesignには4種類のフレームが存在する。テキストの入れ物である「プレーンテキストフレーム」と「フレームグリッド」、画像の入れ物である「グラフィックフレーム」、そして図形として使用する「フレーム（長方形）」だ**01**。

フレームに画像や文字を入れる

これらのフレームにはそれぞれ役割があるが、実は自由度が非常に高い。例えば、フレームグリッドに画像を配置してみると、配置できてしまうことが分かるだろう。**02-1**のように、InDesignではすべてのフレームに対して画像を配置できてしまう。

また逆に、文字ツールでグラフィックフレームや長方形フレームをクリックすると、テキストが入力可能だ**02-2**。このように、InDesignのフレームは、それぞれ基本的な役割を持ってはいるが、画像を配置すればグラフィックフレームに、テキストを入力すればテキストフレームに、といった具合にその性質が自動的に変化する。

フレームを変形させる

ダイレクト選択ツールでアンカーポイントを動かしてみると、形状を変化させられるはずだ**03-1**。さらに、ペンツールでパス上をクリックすればアンカーポイントを増やすことも可能**03-2**。InDesignのフレームはパスでできており、自由に形状を変化させることができる。

02-2 グラフィックフレームや長方形フレームに文字を入力できる

01 InDesignの4種のフレーム　　02-1 4種とも画像を配置できる

018　CHAPTER 02　ドキュメントの作成

InDesignでは、横組み（縦組み）文字ツールで作成するフレームを「プレーンテキストフレーム」と呼ぶ。しかし、広義では「プレーンテキストフレーム」と「フレームグリッド」を併せて「テキストフレーム」と呼ぶ場合もあり、狭義では「プレーンテキストフレーム」のことを「テキストフレーム」と呼ぶ場合もある。本書では、文字ツールで作成するフレームを「プレーンテキストフレーム」と表記する。

03-1 アンカーポイントを動かすことで変形できる

03-2 アンカーポイントの追加も可能。通常のパスとして扱える

フレームの属性を変更する

各フレームの性質は、オブジェクトメニューの"オブジェクトの属性"からも変更できる04。なお、プレーンテキストフレームとフレームグリッドの切り換えは、オブジェクトメニューの"フレームの種類"から実行可能05。

04 フレームの性質の変更は"オブジェクトの属性"で行う

05 "フレームの種類"でプレーンテキストフレーム／フレームグリッドを切り替え可

基礎解説編
ドキュメントの作成

02 新規ドキュメントの作成

InDesignで新規ドキュメントを作成する場合、「レイアウトグリッド」または「マージン・段組」のいずれかを選択して作業を進めることになる。それぞれを選択することで、どのような設定を行うかを理解しておこう。

2つのドキュメント作成方法

新規でドキュメントを作成するには、ファイルメニューから"新規"→"ドキュメント..."を選択し01-1（CC 2017以降の場合、[新規作成]ボタンをクリックしてもOK 01-2）、「新規ドキュメント」ダイアログで[ページ数]や[ページサイズ]など、作成する印刷物に応じて各項目を設定していく01-3／01-4。このとき、目的に応じて[レイアウトグリッド...]と[マージン・段組..]のいずれかを選択して作業を進めることができるが、作成する印刷物に応じてどちらかを選択して作業を進める。

どちらを選択しても最終的に同じ印刷物を作成することは可能だが、複数ページに渡って決められた本文フォーマットでテキストが流れていくようなドキュメントの場合には[レイアウトグリッド...]、そうでない場合には[マージン・段組...]を選択するとよいとされている。

「レイアウトグリッド」

[レイアウトグリッド...]を選択すると「新規レイアウトグリッド」ダイアログが表示され、本文テキストに指定する[フォント]や[サイズ]、[行文字数]や[行数]、[段数]、[段間]などを指定して作業を進める02-1。設定した内容が即座にドキュメントに反映されるので、レイアウトグリッドの状態を確認しながら設定を行うとよいだろう02-2。まず最初に、きちんとドキュメント設計を行ってから作業をするという訳だ。紙のレイアウト用紙を使用したことのある人なら、それを画面上に再現したものと思うと分かりやすい。このレイアウト用紙にそってテキストや画像をレイアウトしていくことになる。

01-1 command〔Ctrl〕＋Nキーでも OK

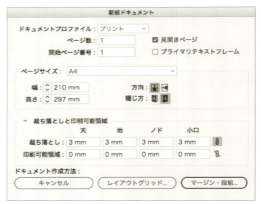

01-3 CC 2017までの[新規ドキュメント]ダイアログ

01-2 CC 2017以降の[スタート]ワークスペース

01-4 CC 2018以降の[新規ドキュメント]ダイアログ

02-1

「マージン・段組」

［マージン・段組...］を選択すると「新規マージン・段組」ダイアログが表示されるが、設定するのは［天］、［地］、［ノド］、［小口］の各マージンと、［段組］の［数］と［間隔］および［組み方向］のみだ**03-1** ／ **03-2**。いわゆる版面のみを設定して作業を進めていくのが、この方法となる。

03-1

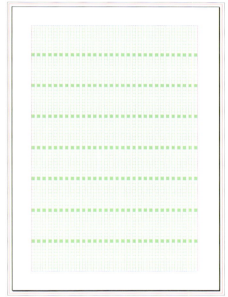
02-2 レイアウトグリッドの状態を目視で確認しながら設定

03-2 こちらは版面のみを決めるという考え方

Memo ［裁ち落とし］と［印刷可能領域］

デフォルトでは、［裁ち落とし］には一般的な印刷物で使用される「3mm」が設定されており、［印刷可能領域］は「0mm」となっている。InDesignでは、トンボの領域外のオブジェクトはプリントされない仕様になっているが、［印刷可能領域］を指定することで、その領域内のオブジェクトもプリント可能になる。色玉や管理番号など、トンボの領域外においたオブジェクトをプリントしたい場合には、この［印刷可能領域］を指定しておく。

基礎解説編
ドキュメントの作成

03 ページのコントロール

ページの表示や挿入、削除といった作業は、頻繁に行う。InDesignでは、ページのコントロールを「ページ」パネルを使って行う。基本的な操作だが、やり方はいろいろあるので作業内容に応じて使い分けよう。

ページをコントロールする

ページの表示や挿入、削除、移動など、ページに関する操作の多くはページパネルを使用して実行できる。それぞれいくつかの方法があるので、目的に応じて使い分けると便利だ。

ページの表示

ページの表示は、ページパネルで目的のページアイコン、あるいは[ページ番号]の部分をダブルクリックすれば**01-1**、そのページまたはその見開きページ（スプレッド）がドキュメントウィンドウに表示される**01-2**／**01-3**。

なお、ドキュメントウィンドウ左下に表示される[ページボックス]に直接、ページ数を入力するか**02-1**、あるいは[ページボックス]右側から目的のページ数を選択してもOKだ**02-2**。また、レイアウトメニューから"前ページ"や"次ページ"などを選択したり、[ページへ移動...]を選択して**03-1**、「ページへ移動」ダイアログから目的のページに移動してもよい**03-2**。もちろん、スクロールバーをドラッグして移動することも可能だ**04**。

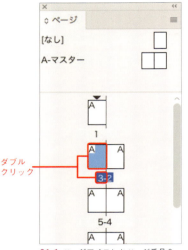

01-1 ページアイコンかページ番号をダブルクリック

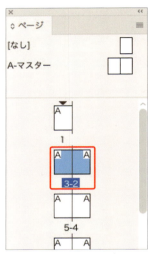

01-2 選択した見開きページが表示される

01-3

02-1 [ページボックス]に直接ページ数を入力

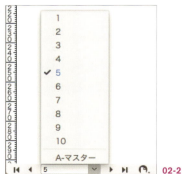

02-2

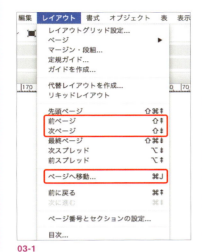
03-1

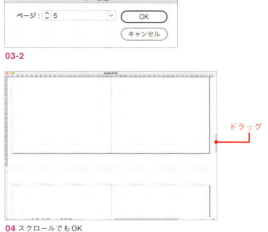
03-2

04 スクロールでもOK

ページの挿入

ページの挿入は、マスターアイコンをドラッグして追加する方法と**05**、ページパネルのパネルメニューから"ページを挿入..."を選択して**06-1**、「ページを挿入」ダイアログで挿入する場所やページ数を指定する方法がある**06-2**。なお、マスターアイコンをドラッグする方法だと、スプレッド単位でしか追加できないので、大量のページを追加したい場合には、「ページを挿入」ダイアログを使用する方法がお勧めだ。

また、ページパネルの[ページを挿入]ボタンをクリックしてページを追加することもできる**07**。この方法の場合、現在選択しているページの次に1ページ追加される。

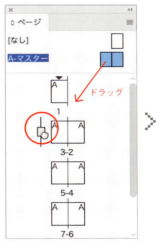

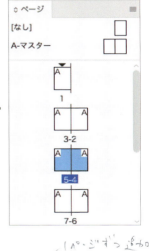

05 マスターアイコンをドラッグして挿入

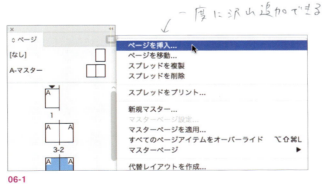
06-1

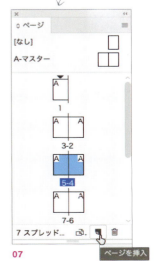

06-2 「ページを挿入」ダイアログ

07

Attention ページ操作の注意点

> **注意**
>
> ページに関する操作を行う上で重要なのが、そのページは選択されているのか、ターゲットになっているのかをきちんと理解しておくことだ。図の例では、3ページが選択された状態で、4-5ページがターゲットになった状態だ。つまり、ページアイコンがハイライトされていれば、そのページは選択されており、ページ番号の部分がハイライトされていれば、そのスプレッドはターゲットになっているということだ。例えば、この状態でページパネルの［選択されたページを削除］ボタンをクリックすると、3ページが削除される。画面上に表示されているのは4-5ページなので、4-5ページが削除されるような気になるが、実際には違うページ（この図では3ページ）が削除されてしまう。そのため、選択なのかターゲットなのかに注意して作業してほしい。ページアイコンをダブルクリックすれば、選択もターゲットも同じページになるので、つねにダブルクリックして、ページの表示や移動をするくせをつけておくとよいだろう。

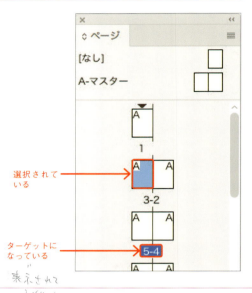

ページの削除

　ページの削除は、削除したいページを選択してページパネルの［選択されたページを削除］ボタンをクリック**08**、あるいはページパネルのパネルメニューから"ページを削除"（スプレッドを選択している場合には"スプレッドを削除"）を選択すればOKだ**09**。

　また、一度に複数のページを削除したい場合には、レイアウトメニューから"ページ"→"ページを削除..."を選択する**10**。「ページを削除」ダイアログが表示されるので、削除したいページを入力して［OK］ボタンをクリックすれば、指定したページを一気に削除できる。

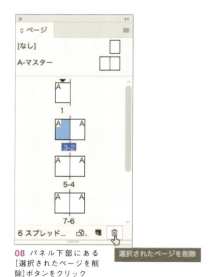

08 パネル下部にある［選択されたページを削除］ボタンをクリック

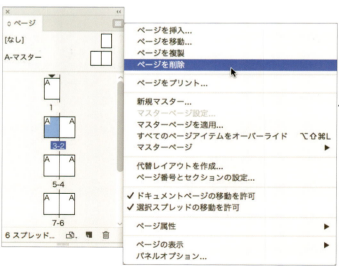

09 パネルメニューから"ページを削除"または"スプレッドを削除"

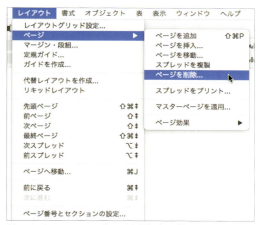

なお、ページの範囲の指定には、ハイフンやカンマを指定できる。連続ページの場合はハイフン、連続していないページの場合はカンマで区切る。**11**のケースでは、3ページから6ページと9ページが削除されることになる。

11「ページを削除」ダイアログ

10 レイアウトメニューから"ページを削除..."を選択

ページの移動

ページの移動は、ページパネル上で移動させたいページアイコンをドラッグして行う。例えば、**12-1**の5ページを1ページの後に移動させたい場合には、5ページのページアイコンを選択し、1ページの後(あるいは2ページの前)にドラッグして、縦に線が表示された所でマウスを離せばページを移動できる**12-2**。

あるいは、レイアウトメニューから"ページ"→"ページを移動..."を選択する**13-1**。「ページを移動」ダイアログが表示されるので、どこに移動するかを指定して[OK]ボタンをクリックしてもよい**13-2**。

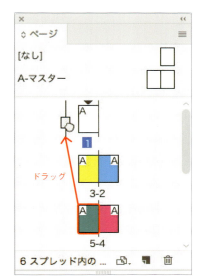

12-1 移動させたい位置にドラッグ

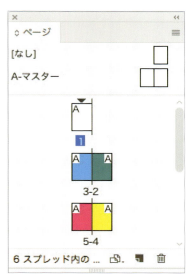

12-2 5ページだったページが2ページの位置に来た

13-1 メニューバーから指定してもOK

13-2

基礎解説編
ドキュメントの作成

04 マスターページの運用

ページレイアウトに欠かせないのがマスターページ機能だ。ノンブルや柱をはじめ、各ページに共通するオブジェクトはマスターページ上に作成しておくことで作業を効率化できる。しっかりと押さえておこう。

■ ノンブルと柱は必ずマスターページに

ページ物に欠かせないのがノンブルや柱といったアイテムだ。これらをページごとに手作業で作成していては、手間が掛かる上に修正も大変になり、ミスのリスクも増大する。ノンブルや柱はもちろんのこと、各ページの同じ位置に作成するデザインパーツもマスターページ上に作成しておこう。これにより、ドキュメントページにノンブルや柱、デザインパーツなどを自動的に表示させることが可能となる。修正もマスターページのみで済むため効率的だ。「ドキュメントページをマスターページの上に重ねて作業している」と考えると、マスターページの動作を理解しやすい。

ノンブルの作成
❶ **マスターページに「現在のページ番号」を作成する**

まず、ページパネルで「A-マスター」のアイコンをダブルクリックして**01-1**、マスターページに移動する**01-2**。次に、横組み文字ツールで、ノンブル用のプレーンテキストフレームを作成する。ここでは、左ページの左下に作成した**02**。プレーンテキストフレーム内にカーソルがある状態で、書式メニューから"特殊文字の挿入"→"マーカー"→"現在のページ番号"を選択すると**03-1**、「A」と入力される**03-2**。なお、この「A」はページ番号（ノンブル）を表す特殊文字で、文字としての「A」ではない。

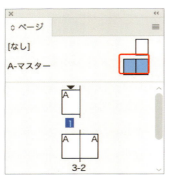

01-1 マスターページのアイコンをダブルクリック

01-2 マスターページに移動する

02 ノンブル用のプレーンテキストフレームを作成

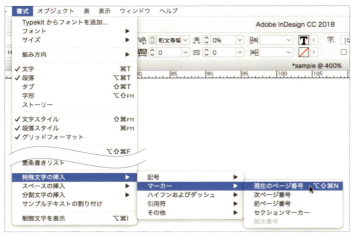

03-1 "現在のページ番号"

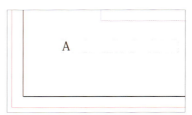

03-2 ノンブルを表す特殊文字が入力された

◉ ノンブルの書式と位置を決める

入力したこの「A」に対して、ノンブル用のフォントやサイズなどの書式を設定し、プレーンテキストフレームの位置を整える04。なお、左ページのノンブルをドキュメントの左下、あるいは右ページのノンブルをドキュメントの右下に作成する場合は、段落揃えに[小口揃え]を選択しておくのがお勧めだ05。

ノンブル用のプレーンテキストフレームが作成できたら、右ページにもコピーして位置を整えよう06。

04 書式と位置を整えた

05 段落パネルの[小口揃え]

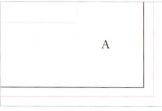
06 右ページにもコピーして作成

◉ ノンブルの数字を指定する

マスターページ上にノンブル用のテキストフレームを作成したらドキュメントページに移動し、実際に使用するページ番号（ノンブル）を指定する。ドキュメントページの1ページ目に戻ると、すでにノンブルが「1」となっているのを確認できるので07、1ページのページアイコンを選択した状態でページパネルのパネルメニューから"ページ番号とセクションの設定..."を選択する08-1。「ページ番号とセクションの設定」ダイアログが表示されるので、[ページ番号割り当てを開始]を選択し、使用するページ番号を入力する。ここでは「5」とした08-2。[OK]ボタンをクリックすると、ドキュメントにノンブルが反映される08-3。

なお、[スタイル]には、二桁や三桁の数字、漢数字、欧文などを目的に応じて指定できる。

段落パネルの段落揃えには、[ノド揃え]や[小口揃え]という設定が用意されている。これらの設定を使用すると、テキストフレームが左ページから右ページ（あるいはその逆）に移動すると、段落揃えが[右揃え]から[左揃え]といったようにノド元を基準とした揃えに変更される。ノンブルのように左ページと右ページで揃えが逆になるような場合に使用すると便利。なお、CC 2014までは[ノド揃え]は[ノド元に向かって整列]、[小口揃え]は[ノド元から整列]という名称になっていた。

08-1 パネルメニューから"ページ番号とセクションの設定..."を選択

08-2 「ページ番号とセクションの設定」ダイアログで実際のノンブルの数字を入力

07 1ページ目のノンブルは「1」になっている

08-3 ドキュメントのノンブルに反映された

基礎解説編

Technique　左右イレギュラーなノンブルを付けたい

InDesignのページ番号は、左綴じのドキュメントでは、右ページが奇数ノンブル、右綴じのドキュメントでは、右ページが偶数ノンブルになる仕様となっている。本来、これが正しいノンブルの付け方になるが、この仕様だとイレギュラーなノンブルを付けると、ページの左右が変わってしまう。このような場合、"ドキュメントページの移動を許可"を選択してオフにすることで、イレギュラーなノンブルを付けることができる。

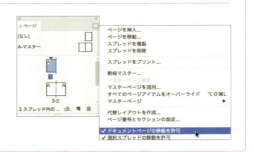

柱の作成

❶ 柱用のフレームを用意する

ページパネルで「A-マスター」のアイコンをダブルクリックして、マスターページに移動したら、横組み文字ツールで柱用のプレーンテキストフレームを作成する。ここでは、左ページの左上に作成した**09**。なお、テキストがあふれてしまうことのないように、プレーンテキストフレームは大きめに作成しておくのがお勧め。

❷ 特殊文字を挿入する

次に、プレーンテキストフレーム内にカーソルがある状態で、書式メニューから"特殊文字の挿入"→"マーカー"→"セクションマーカー"を選択する**10-1**。すると「セクション」と入力されるが、これは柱をあらわす特殊文字だ**10-2**。この「セクション」に対して、柱用のフォントやサイズなどの書式を設定し、プレーンテキストフレームの位置を整える**11**。

09 柱用のプレーンテキストフレームを作成

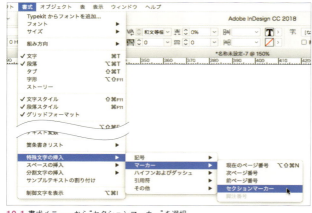

10-1 書式メニューから"セクションマーカー"を選択

10-2 特殊文字「セクション」が入力された

11 書式を設定した

028　CHAPTER 02　ドキュメントの作成

●実際の柱の文字を入力する

　マスターページ上で柱の設定が完了したら、ドキュメントページに移動し、実際に使用するセクションマーカー（柱）を指定する。ここではドキュメントページの最初のページアイコンをダブルクリックして移動し、ページパネルのパネルメニューから"ページ番号とセクションの設定..."を選択する**12-1**。「ページ番号とセクションの設定」ダイアログが表示されるので、[セクションマーカー]に柱として使用する文字を入力する**12-2**。[OK]ボタンをクリックすると、ドキュメントに柱が反映される**12-3**。なお、ドキュメントの途中から柱を変更したい場合には、そのページを選択して「ページ番号とセクションの設定」ダイアログを開き、[セクションマーカー]を設定すればOKだ。そのページ以降において、新しく入力したテキストが柱として使用される。

●セクションマーカーを変更したページ

　ドキュメントの途中のページでページ番号（ノンブル）やセクションマーカー（柱）を変更すると、そのページアイコンに下向きの▼マークが表示される**13**。このマークを見れば、どのページでページ番号、あるいはセクションマーカーを変更したかが一目瞭然となる。なお、最初のページには必ずこのマークが表示されている。

マスターページ上に作成したオブジェクトは、ドキュメントページ上では最背面に表示される。そのため、マスターオブジェクトが隠れてしまうケースが出てくる。このような場合は、マスターオブジェクトをレイヤーで管理しよう。マスターページ上でもレイヤーは有効なので、上位レイヤーにマスターオブジェクトを作成すれば、ドキュメントページ上のオブジェクトに隠れてしまうといった問題を回避できる。

12-1

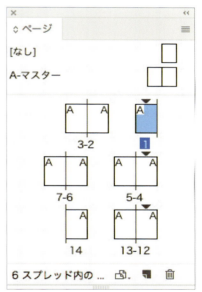
13 この図では1、4、12ページ目に▼マークが表示されている

12-2 [セクションマーカー]に柱として使用する文字を入力する

12-3 ドキュメントページに反映された

マスターページをコントロールする

新規マスターページの作成

マスターページは、複数作成することが可能だ。そのため、目的に応じてマスターページを使い分けると便利だ。

ページパネルのパネルメニューから"新規マスター..."を選択すると**14-1**、「新規マスター」ダイアログが表示されるので**14-2**、[OK]ボタンをクリックすれば新しいマスターページが作成できる**14-3**。ちなみに、command(Ctrl)キーを押しながら[ページを挿入]ボタンをクリックすることでもマスターページを作成できる。この場合、「新規マスター」ダイアログは表示されない。

●既存のドキュメントページの流用

既存のドキュメントページをマスターページとして保存したり、他のドキュメントのマスターページを読みこむといったことも可能。この場合、ページパネルのパネルメニューにある"マスターページ"から目的のコマンドを選択する**15**。

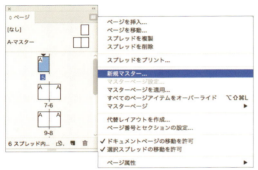

14-1 パネルメニューから"新規マスター..."を選択

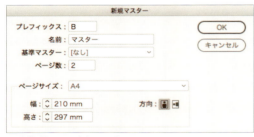

14-2「新規マスター」ダイアログ

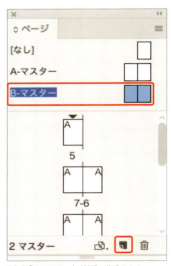

14-3「B-マスター」が新規に作成された。command(Ctrl)キーを押しながら[ページを挿入]ボタンをクリックすることでも新規作成が可能

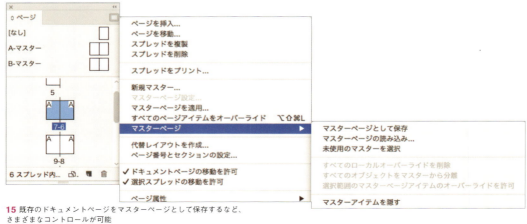

15 既存のドキュメントページをマスターページとして保存するなど、さまざまなコントロールが可能

> **Technique** マスターページのオブジェクトをドキュメントページで編集する場合
>
> マスターページ上に作成したオブジェクトは、ドキュメントページ上では触ることはできない。これがInDesignの仕様だが、場合によっては選択して編集したいケースもある。このような場合、マスターオブジェクトをcommnd〔Ctrl〕+ shiftキーを押しながらクリックしてみよう。オブジェクトがオーバーライドされ、編集可能になる。
> なお、オーバーライドされたマスターオブジェクトはマスターページとの連携が完全に切れる訳ではない。例えば、カラーを変更したのであれば、カラー以外の位置情報などはまだマスターページとリンクされている。ページパネルのパネルメニューには、オーバーライドしたオブジェクトを元に戻したり、連携を完全に切るコマンドなども用意されている。

マスターページの適用

作成したマスターページは、簡単な操作でドキュメントページに適用できる。適用したいマスターアイコンを選択したら**16-1**、ドラッグしてドキュメントページ上に重ね**16-2**、黒くハイライトされたところでマウスを離せば、そのマスターページが適用される**16-3**。ちなみに、マスターアイコンをスプレッドの左下、あるいは右下に重ねて、スプレッドが黒くハイライトされたところでマウスを離せば、スプレッド(見開き)に対してマスターページを適用できる**16-4**。

なお、複数のページに対して一気にマスターページを適用したい場合には、ページパネルのパネルメニューから"マスターページを適用…"を選択すると**17-1**、「マスターページを適用」ダイアログが表示され、適用するページを指定することもできる**17-2**。[適用ページ]には、ハイフンとカンマが使用可能だ。

> マスターページを選択する場合、「A-マスター」などと書かれた文字部分をクリックするとスプレッド(見開き)として、アイコン部分をクリックするとクリックした片ページを選択できる。また、マスターページを適用する場合は、文字部分をドラッグしてドキュメントページに重ねてもOKだ。

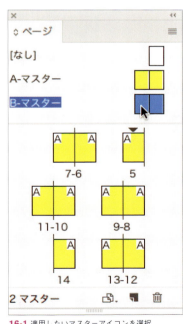

16-1 適用したいマスターアイコンを選択

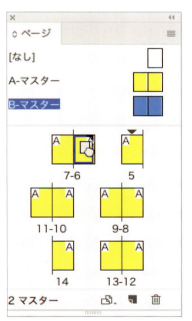

16-2 ドキュメントページに重ねる

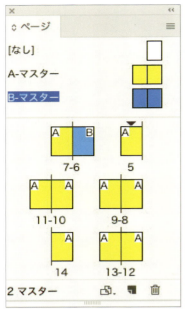
16-3 マスターページが適用された

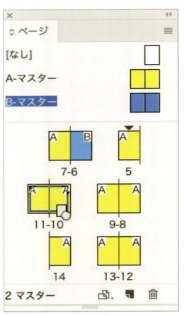
16-4 スプレッドに対して適用

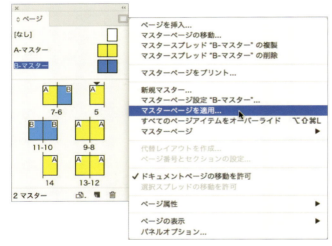
17-1 "マスターページを適用..."を選択

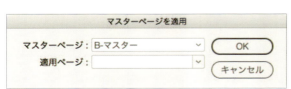
17-2 「マスターページを適用」ダイアログ

親子関係を持つマスターページの運用

マスターページは複数作成できるだけでなく、親子関係を持たせて運用することも可能だ。例えば、ノンブルや柱は全ページ同じ位置に必要だが、章ごとに異なるカラーのアイテムを作成するようなドキュメントを作るとする。もちろん、章ごとにマスターページを作成する必要があるが、ノンブルや柱も章ごと（マスターページごと）に作成していては手間が掛かる上に、修正にも弱い。このようなケースでは、親のマスターページにノンブルや柱を作成し、子のマスターページにカラーのアイテムを作成するほうが効率的だ。

●親子関係を持つマスターページを作成する

手順は、まず親とするマスターページ（ここでは「A-マスター」）にノンブルと柱を作成しておく**18**。

次に、ページパネルのパネルメニューから"新規マスター..."を選択する**19-1**。「新規マスター」ダイアログが表示されるので、［基準マスター］に親のマスターページ（ここでは「A-マスター」）を選択して［OK］ボタンをクリックする**19-2**。「A-マスター」の子となるマスターページ（ここでは「B-マスター」）が作成された**19-3**。

もちろん、「A-マスター」上に作成したノンブルや柱は、自動的に「B-マスター」にも反映される。同様の手順で必要な分だけ、マスターページを作成すればよい。なお、子のさらに子、つまり孫の関係になるマスターページも作成できる。目的に応じて使い分けるとよいだろう。

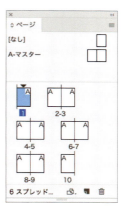

18 まず「A-マスター」にノンブルと柱を作成しておく

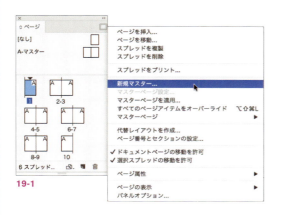

19-1

19-2 ［基準マスター］に「A-マスター」を選択

基礎解説編

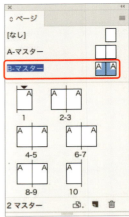

19-3「B-マスター」が作成された

それぞれのページにどのマスターページが適用されているかは、ページアイコンの表示で確認できる。「A」と表示されていたら「A-マスター」、「B」と表示されていたら「B-マスター」が適用されているという訳だ。これはマスターページでも同じ。「A」と表示されていたら「A-マスター」が親という意味だ。なお、何も表示されていない場合には、マスターページ[なし]が適用されていることを表す**20**。

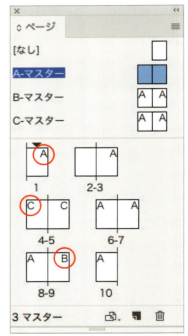

20 ページアイコンの表示で確認できる

CHAPTER 03
文字と組版

01 2つのテキストフレームの違い

02 テキストフレームの連結

03 テキストの配置

04 書式設定

05 字形の挿入

06 縦中横

07 段落境界線

08 段落の囲み罫と背景色

09 見出しの処理

10 合成フォント

11 禁則処理と禁則調整方式

12 文字組みアキ量設定

13 コンポーザー

14 文字詰め処理

15 段落スタイルと文字スタイルを使いこなす

16 オブジェクトスタイルとグリッドフォーマット

17 表の作成

18 表のコントロール

基礎解説編
文字と組版

01 2つのテキストフレームの違い

InDesignの大きな特徴とも言えるのが、プレーンテキストフレームとフレームグリッドの2つのテキストフレームがあることだ。それぞれ性質が異なるので、用途に応じて使い分けると作業しやすい。

書式属性を持つ／持たない

書式属性を持たないプレーンテキストフレーム

　InDesignには、文字ツールで作成する「プレーンテキストフレーム」と、グリッドツールで作成する「フレームグリッド」の2つのテキストフレームが存在する。どちらもテキストの入れ物となるフレームだが、その性質は大きく異なる。

　試しに、図のようなテキストをコピーし**01**、「プレーンテキストフレーム」と「フレームグリッド」にペーストしてみる。すると、「プレーンテキストフレーム」では、コピー元と同じ書式でペーストされる**02**。これは、「プレーンテキストフレーム」が単なるテキストの入れ物で、フレーム自体が属性を持っていないからだ。テキスト入力時には、その時の「文字」パネルや「段落」パネルの設定で文字が入力されることになる。

フレームグリッドにコピー元の書式を保ったままテキストをペーストしたい場合には、編集メニューから[グリッドフォーマットを適用せずにペースト]を実行する。

書式属性を持つフレームグリッド

　これに対し、「フレームグリッド」では**03**のように書式が変わってしまう。これは「フレームグリッド」自体が書式属性を持っているから。テキストを配置・入力すると、その書式が適用された状態でテキストが流れる。

　フレームグリッドを選択し、オブジェクトメニューから"フレームグリッド設定…"を選択してみよう**04-1**。すると「フレームグリッド設定」ダイアログが表示される**04-2**。このダイアログを見ると、[フォント]や[サイズ]、[行間]など、フレームグリッドに対して書式属性が設定されているのが分かる。フレームグリッドに配置・入力されるテキストには、この書式が適用されてテキストが配置されるという訳だ。

　ただし、カラーなど、「フレームグリッド設定」ダイアログで定義されていない属性に関しては、コピー元の属性が反映される。一般的に、複数の書式が混在するテキストでは「プレーンテキストフレーム」、本文などのようにあらかじめ決められた書式でテキストが流れるようなケースでは「フレームグリッド」を使用するとよい。

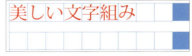

01 コピーする元のテキスト

02 プレーンテキストフレームにペーストしたところ

03 フレームグリッドにペーストしたところ

04-1 オブジェクトメニューから"フレームグリッド設定…"を選択

04-2 「フレームグリッド設定」ダイアログ。フォントやサイズ、字間、行間などが設定されている

CHAPTER 03　文字と組版

> ・各レーベルごとにフォントは決まっているので、フレームグリッドのフォント設定
> と本文スタイルのフォント変えない。特定の段落・語句のみ変更する
> ときには新たに段落スタイル・文字スタイルを作る

Memo フォント変更は「フレームグリッド設定」ダイアログで

フレーム自体が書式属性を持つフレームグリッドでは、フォントの設定は「フレームグリッド設定」ダイアログから行うようにしよう。例えば、フレームグリッドにテキストを配置後、文字ツールでテキストを選択して、フォントを変更したとしよう。あとから、テキストを追加するためにペーストすると、図のようにペーストしたテキストのみ、フォントが異なってしまう。これは、テキストが「フレームグリッド設定」ダイアログのフォントの設定でペーストされたためだが、トラブルの原因になりやすい。なお、編集メニューから[グリッドフォーマットを適用せずにペースト]を実行することで、「フレームグリッド設定」ダイアログの設定を無視して、プレーンなテキストとしてペーストすることも可能。

グリッド揃えの違い

　フレームが書式属性を持つ／持たない以外にも、「プレーンテキストフレーム」と「フレームグリッド」にはいくつかの違いがある。その中でも、最も重要なのが「グリッド揃え」だ**05**。この設定は、「プレーンテキストフレーム」では"なし"、「フレームグリッド」では"仮想ボディの中央"がデフォルトの設定となっている。

フレームグリッドの「グリッド揃え」

　「フレームグリッド」の"グリッド揃え"を"仮想ボディの中央"から"なし"に変更してみよう。すると、テキストは**06**のようにグリッドに揃わなくなる。つまり、「フレームグリッド」でテキストの行がグリッドに沿って流れるのは、"グリッド揃え"が「あり」(デフォルトでは"仮想ボディの中央")になっているからだということが分かる。そのため、フレームグリッドでは文字パネルの[行送り]は指定せず、「フレームグリッド設定」ダイアログでグリッ

ドの[行間]を設定して行送りをコントロールする。

プレーンテキストフレームの「グリッド揃え」

　では今度は、「プレーンテキストフレーム」の"グリッド揃え"を"なし"から"仮想ボディの中央"にしてみよう。すると、最初の行の上にアキができ、行送りも変わってしまう**07-1**。ベースライングリッドを表示させてみると分かるが**07-2**、文字の中心がベースラインに揃っている。つまり、グリッドを持たない「プレーンテキストフレーム」の場合に"グリッド揃え"を「あり」(図では"仮想ボディの中央")に設定すると、ベースラインに揃ってしまうという訳だ。

　通常、「プレーンテキストフレーム」は"グリッド揃え"を"なし"で使用する。テキストがフレーム内の思わぬ位置からスタートしてしまっている場合は、"グリッド揃え"を"なし"に戻して対処しよう。

05 段落パネルのパネルメニュー "グリッド揃え"

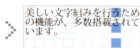

06 "なし"にするとグリッドに揃わなくなった

07-1 位置と行送りが変わった

07-2 文字の中心がベースラインに揃っている

基礎解説編

2つのテキストフレームのその他の違い

［自動行送り］の違い

その他にも、「ジャスティフィケーション」ダイアログの［自動行送り］の値も異なる。段落パネルのパネルメニューから"ジャスティフィケーション..."を選択すると**08-1**、「ジャスティフィケーション」ダイアログが表示される。この［自動行送り］のデフォルト値が「プレーンテキストフレーム」では「175%」、「フレームグリッド」では「100%」となっている**08-2**。

この値は文字パネルの［行送り］を数値指定していないときに使用される値で、［行送り］のフィールドに丸括弧付きで表示される。例えば、「プレーンテキストフレーム」で［フォントサイズ］が「12Q」、［行送り］が［自動］の場合、12×175％で［行送り］は「21H」となる**09**。

「文字の比率を基準に行の高さを調整」と「グリッドの字間を基準に字送りを調整」の違い

また、文字パネルのパネルメニューにある"文字の比率を基準に行の高さを調整"と"グリッドの字間を基準に字送りを調整"のデフォルト設定も異なる。「プレーンテキストフレーム」ではどちらもオフ、「フレームグリッド」ではどちらもオンになっている**10**。"文字の比率を基準に行の高さを調整"は、テキストの垂直比率を変更している場合に、比率を変更する前の状態を基準に行を送るのか、比率を変更後の状態を基準に行を送るのかの設定。また、"グリッドの字間を基準に字送りを調整"は、フレームグリッド使用時にオフにすると、「フレームグリッド設定」の［字間］をマイナスに設定する1歯詰めなどがきかなくなるので注意が必要。

08-2 これはプレーンテキストフレームの場合。「175%」になっている

08-1 パネルメニューから"ジャスティフィケーション..."を選択

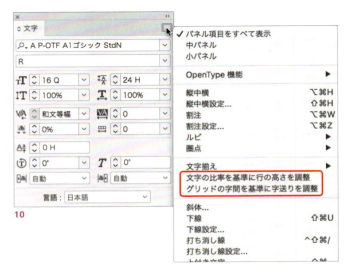

09 ここでは12×175％＝21H

10

それぞれのテキストフレーム設定

「フレームグリッド設定」はフレームグリッドに対してのみ設定できる項目になるが、オブジェクトメニューの"テキストフレーム設定..."は、「プレーンテキストフレーム」と「フレームグリッド」のどちらに対しても設定が可能だ**11**。「テキストフレーム設定」ダイアログでは、[段数]やその[間隔]、[フレーム内マージン]などの指定が可能で、テキストをフレーム内のどこに配置するかの[テキストの配置]も設定できる**12**。

[自動サイズ調整]タブの[自動サイズ調整]

なお、「テキストフレーム設定」ダイアログの[自動サイズ調整]タブでは、[自動サイズ調整]が指定可能だ**13**。ここを設定することで、テキストがフレーム内にぴったり収まるよう、自動でフレームサイズが可変するテキストフレームを作成できる。"高さのみ"を選択するとテキストフレームの高さが、"幅のみ"を選択するとテキストフレームの幅が自動的にサイズ調整され、テキストがあふれることがない。なお、フレームを固定する基準点も指定できる。

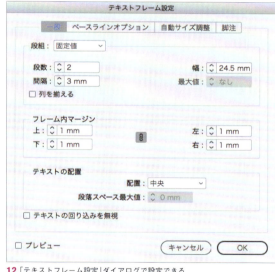

11

12「テキストフレーム設定」ダイアログで設定できる

13[自動サイズ調整]タブの[自動サイズ調整]

基礎解説編
文字と組版

02 テキストフレームの連結

InDesignのテキストフレームは、アウトポートとインポートを連結することで複数のテキストフレームやページをまたいでテキストを流すことができる。連結の概念をしっかりと理解しておこう。

連結の概念

インポートとアウトポート

　選択ツールでテキストフレームを選択すると、ハンドルよりも少し大きめな正方形が表示される。横組みの場合、左上に表示されるのがインポート、右下に表示されるのがアウトポートだ**01**。ちなみに、InDesignのテキストフレームでは、アウトポートに赤い＋印が表示されている場合、テキストが入りきらず、あふれていることを表している**02**。

テキストフレームを連結させる

　InDesignでは、複数のテキストフレームをまたいでテキストを流すことができるが、これはアウトポートとインポートを連結することで実現している。例えば、現在選択しているテキストフレームのアウトポートをクリックすると、マウスポインターの表示が**03**のように変わる。この状態で空のテキストフレーム上にマウスポイ

ンターを移動させると、連結アイコン（鎖のアイコン）が表示される**04**。これはテキストフレームを連結可能であることを表しており、クリックすると、あふれて入りきらなかったテキストが流しこまれる**05**。つまり、最初のテキストフレームのアウトポートから、次のテキストフレームのインポートにテキストが連結された訳だ。

　また、他のテキストフレーム上でクリックするのではなく、任意の場所でドラッグすれば、ドラッグしたサイズで連結したテキストフレームを作成できる**06**。

　なお、テキストフレームを連結する場合には、最初にインポートをクリックしてテキストフレームを連結してもよい。この場合、現在のテキストフレームの前に別のテキストフレームを連結させることが可能だ。

　テキストがどのように連結されているかを確認したい場合には、表示メニューから"エクストラ"→"テキスト連結を表示"を実行する**07**。

01

02 テキストがあふれている

03 マウスポインターの形状が変わった

04 マウスポインターの形状がさらに変わった

05 あふれていたテキストが次のフレームに流し込まれた

06 ドラッグして連結された新たなプレーンテキストフレームを作成したところ

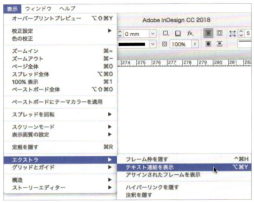

07

040　CHAPTER 03　文字と組版

基礎解説編
文字と組版

03 テキストの配置

InDesignには、さまざまなテキスト配置方法がある。どのような配置方法があり、どういった場合にどのような方法でテキストを流し込むとよいかを理解して使い分けよう。

3つのテキスト配置方法

ファイルメニューから"配置..."を実行する方法

InDesignでは、さまざまな方法でテキストを配置できる。大きく分けて次の3つの方法がある。

1つ目が、ファイルメニューから"配置..."を実行する方法だ**01**。テキストを配置するテキストフレームを選択、あるいは文字ツールでテキストフレーム内にカーソルを置き、"配置..."コマンドを実行する。「配置」ダイアログが表示されたら、目的のファイルを選択して[開く]ボタンをクリックする**02**。このとき、[読み込みオプションを表示]にチェックを入れておくと、読み込みファイル形式に応じたオプションダイアログが表示される。

なお、テキストフレームを何も選択せずに"配置..."コマンドを実行した場合には、マウスポインターがテキスト保持アイコンに変化するので、任意の場所にテキストフレームを作成して配置する。

ファイルをドラッグ＆ドロップする方法

2つ目の方法は、ファイルのドラッグ＆ドロップだ。デスクトップ等から、目的のファイルをInDesignドキュメント上にドラッグ＆ドロップする。このとき、既存の空のテキストフレーム上にドラッグすると、**03-1**のようなアイコンが表示され、マウスを離せばテキストが配置される**03-2**。なお、テキストフレームがない所にドラッグすると、マウスポインターがテキスト保持アイコンに変化し、ドラッグあるいはクリックしてテキストを配置できる。

コピー＆ペーストする方法

3つ目の方法は、コピー＆ペーストだ。目的のテキストをエディターなどの他のアプリケーションで開き、必要な部分をコピーする。InDesignドキュメントに切り替えて、目的のテキストフレーム内にペーストすればOKだ**04**。

01 ファイルメニューから選択

03-1 テキストフレーム上にドラッグ＆ドロップ

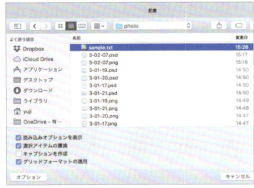

02 目的のテキストファイルを選択する

03-2 テキストが流し込まれた

04 編集メニュー→"ペースト"

基礎解説編

Technique ファイル形式に応じて読み込み方をコントロールする

「読み込みオプションを表示」をオンにしてテキストを読み込む場合、ファイル形式に応じたオプションダイアログが表示される。プレーンテキストの場合には、[文字セット]や[プラットフォーム]が指定でき、Wordファイルの場合には、Wordのスタイルを保持して読み込むのか、破棄して読み込むのかが指定できる。なお、WordのスタイルをInDesignのスタイルにマッピングして読み込むことも可能だ。Excelファイルの場合には、[シート]や[セル範囲]を指定して読み込むことができる。

「テキスト読み込みオプション」ダイアログ

「Microsoft Word読み込みオプション」ダイアログ

「Microsoft Excel読み込みオプション」ダイアログ

Technique 読み込むテキストの組み方向を指定する

作成済みのテキストフレームにテキストを配置する場合には、テキストが横組みで配置されるのか、縦組みで配置されるのかは、そのテキストフレームの属性（組み方向）で決まる。しかし、テキストを配置するコマンドを実行後にテキストフレームを作成する場合には、書式メニューの"組み方向"、あるいは「ストーリー」パネルの[組み方向]に何が選択されているかで決まる。この2項目は連動しており、どちらかを指定すればOKだ。

書式メニュー→"組み方向"

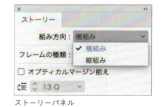
ストーリーパネル

自動流し込み

InDesignには、長文テキストを配置するのに便利な自動流し込みの機能が用意されている。テキストがすべて収まるまでページやテキストフレームを自動で追加してくれる「自動流し込み」と、テキストを配置してもマウスポインターはテキスト保持アイコンのままで、続けてテキストを配置していける「半自動流し込み」、そして現在のページ数に収まるまで自動でテキストを配置してくれる「固定流し込み」の3つがある。

自動流し込み

ファイルメニューから"配置..."を実行して「配置」ダイアログが表示されたら、目的のファイルを選択して[開く]ボタンをクリックすると、マウスポインターはテキスト保持アイコンに変化する**05-1**。このとき、shiftキーを押すとマウスポインターの表示が**05-2**のように変わるので、テキストをスタートしたい位置でクリックする。すると、テキストがすべて収まるまで自動でページやテキストフレームを追加してテキストが配置される

05-3。これが「自動流し込み」だ。

05-1 テキスト保持アイコン

05-2 shiftキーでアイコンが変化

05-3 自動でページが増えて最後まで流し込まれた

半自動流し込み

　マウスポインターがテキスト保持アイコンのときに、option〔Alt〕キーを押すと、マウスポインターの表示が**06-1**のように変わるので、テキストをスタートしたい位置でクリックする。すると、テキストは最初の段にのみ配置されるが、マウスポインターはテキスト保持アイコンのままなので、そのまま続けてテキストを配置していける**06-2**。これが「半自動流し込み」だ。

固定自動流し込み

　マウスポインターがテキスト保持アイコンのときに、shift＋option〔Alt〕キーを押すと、マウスポインターの表示が図のように変わるので**07-1**、テキストをスタートしたい位置でクリックする。すると、テキストは既存のページに収まるだけ配置される**07-2**。これが「固定自動流し込み」だ。

06-1 違うテキスト保持アイコンになった

06-2 1度流し込んでもまだテキスト保持アイコンのままだ

07-1

07-2 最後まで流し込まれているが、ページは増えていない

Memo　スマートテキストのリフロー処理

「環境設定」ダイアログの［テキスト］カテゴリーに［スマートテキストのリフロー処理］という項目がある。デフォルトではオンになっており、［プライマリテキストフレームに制限する］のみが有効になっている。そのため、マスターページ上にプライマリテキストフレームを作成している場合には、「自動流し込み」の機能を使用しなくても、テキストが収まるまで自動的にページやテキストフレームを追加してくれる。この機能を使用したくない場合にはオフにするなど、目的に応じて使い分けよう。

04 書式設定

基礎解説編 — 文字と組版

テキストへの書式設定は、頻繁に行う作業だ。文字パネルと段落パネル、あるいはコントロールパネルを使用して設定を行う。どのような設定があるかをきちんと把握しておこう。

テキストに書式を設定する

文字パネルと段落パネル

　配置・入力したテキストには、必ず書式を設定する。フォントやフォントサイズ、段落揃えはもちろん、目的に応じてその他の設定も行おう。基本的に、文字単位で設定する「文字」パネル01と、段落に対して設定する「段落」パネル02を使用して書式を設定するが、「コントロール」パネルの[文字形式コントロール]と[段落形式コントロール]ボタン03を切り替えながら作業してもOKだ。

　必ずといっていいほど設定を行うのが、文字パネルの[フォント]と[フォントサイズ]、段落パネルの[段落揃え]だ。なお、テキストが2行以上の際には[行送り]も設定する。

01 文字パネル

02 段落パネル

03 コントロールパネル

フレームグリッドの行送り

　フレームグリッドを使用する際には、文字パネルの[行送り]は設定せず、[自動]のままで使用する。フレームグリッドでは、基本的にグリッドに沿って行を流すため、行送りは「フレームグリッド設定」ダイアログの[行間]で設定するからだ04。「フレームグリッド設定」ダイアログは、オブジェクトメニューの"フレームグリッド設定..."から表示できる05。

04 行送りは「フレームグリッド設定」ダイアログの[行間]で設定する

05

Memo　段落パネルの[ノド揃え]と[小口揃え]

段落パネルの[段落揃え]は、左から[左揃え]、[中央揃え]、[右揃え]、[均等配置(最終行左/上揃え)]、[均等配置(最終行中央揃え)]、[均等配置(最終行右/下揃え)]、[両端揃え]、[ノド揃え]、[小口揃え]の9つがある。このうち、[ノド揃え]と[小口揃え]は、見開きページのどちらにテキストがあるかで揃う位置が変わる。例えば、左ページで[小口揃え]を適用したテキストは、[左揃え]を適用した場合と同じ表示になる。このテキストを右ページに移動させると、テキストは[右揃え]と同じ表示になる。これは、ページのノドを基準にテキストが揃うからだ。ノンブル等の設定に使用すると便利。

左ページで[小口揃え]を適用したテキストは、[左揃え]と同じになる

　小口揃え　　　　　小口揃え

右ページに移動させると[右揃え]と同じになる

文字を変形する

文字の変形は文字パネルで

文字パネルの[垂直比率]や[水平比率]を設定することで、文字を変形させることができる。[垂直比率]を小さくすると平体06、[水平比率]を小さくすると長体になる07。

文字を斜体にしたい場合には、文字パネルのパネルメニューから"斜体..."を選択し08-1、「斜体」ダイアログで[縮小率]や[角度]などの各項目を設定する08-2。

文字パネルの[歪み]を設定することで、斜体と似たような効果を得ることができるが、[歪み]は単に文字を傾けて変形しているため、写植で使用されていた斜体とは異なる。

06 [垂直比率：80%]の平体

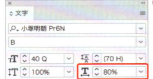
07 [水平比率：80%]の長体

08-1

08-2 [縮小率：20%]、[角度：45°]

ベースラインシフトを設定する

テキストを、横組みでは上下、縦組みでは左右に位置を調整できる機能が[ベースラインシフト]だ。文字パネル、あるいはコントロールパネルから値を指定する09。

09「の」のみ[ベースラインシフト：-8H]

字下げを設定する

段落に対して適用する字下げは、段落パネルの［インデント］を指定して設定する。［左／上インデント］、［右／下インデント］、［1行目左／上インデント］、［最終行の右インデント］の4つがあり、目的に応じて各インデントを設定する。

では、**10**のようなテキスト（12Q）に対し、それぞれのインデントを設定してみよう。

まず、［左／上インデント］を「3mm」とすると**11-1**、段落の行頭に設定した値でインデントが適用される**11-2**。次に、［右／下インデント］を「3mm」とすると**12-1**、段落の行末にインデントが適用される**12-2**。

また、［左／上インデント］を「3mm」、［1行目左／上インデント］を「−3mm」に設定すると**13-1**、突き出しインデントが実現できる**13-2**。なお、［最終行の右インデント］を指定すると、最終行のみ行末に指定したインデントが反映されるよう文字組みされる。

特殊文字を使用する

なお、突き出しインデントの設定は、特殊文字を挿入することでも可能だ。まず、次行から字下げしたい位置にカーソルを置く**14-1**。次に、書式メニューから"特殊文字の挿入"→"その他"→「ここまでインデント」文字"を選択して、特殊文字を挿入する**14-2**。すると、特殊文字を挿入した位置に次行以降の行頭が揃う**14-3**。手軽に字下げしたいときに便利な方法だ。

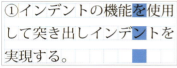
10 まだインデントが指定されていない状態

11-1

11-2

12-1

12-2

13-1

13-2

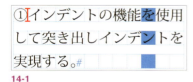
14-1

14-3 特殊文字で突き出しインデントを設定した

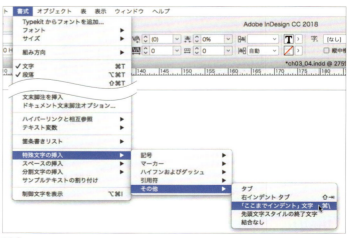
14-2

ルビ・圏点を設定する

ルビの設定

ルビや圏点も手軽に適用できる。

まず、文字ツールでルビを適用したいテキストを選択する15-1。次に、文字パネルのパネルメニューから"ルビ"→"ルビの位置と間隔..."を選択する15-2。すると、「ルビ」ダイアログが表示されるので、[ルビ]にルビとして使用する文字を入力する15-3。

なお、[種類]に[モノルビ]を選択している場合には、親文字単位でルビ文字を全角スペース、または半角スペースで区切る必要がある。

[OK]ボタンをクリックするとルビが適用される15-4。なお、[種類]に[グループルビ]を選択した場合、グループとしてルビが適用される16。

圏点の設定

圏点の場合は、目的のテキストを選択し17-1、文字パネルのパネルメニューにある"圏点"から目的のものを選択する17-2。すると、指定した圏点が適用される17-3。

なお、任意の文字を圏点として使用することも可能だ。この場合、文字パネルのパネルメニューから"圏点"→"カスタム"を選択し、「圏点」ダイアログの[文字]に目的の文字を入力すればOKだ18。ちなみにルビも圏点も、カラーやサイズ、位置など、ダイアログで詳細に設定可能。

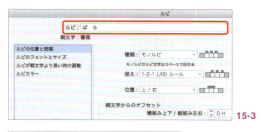

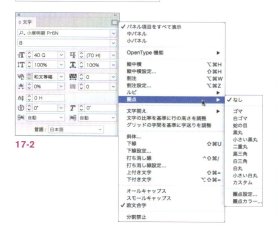

17-3 ここでは"ゴマ"を適用した

18 ここでは「★」を圏点として使用した

ぶら下がりを設定する

　ぶら下がりの指定は段落パネルから実行する。目的の段落内にカーソルを置き**19-1**、段落パネルのパネルメニューの"ぶら下がり方法"から、目的に応じて"標準"か"強制"のいずれかを選択すればOKだ**19-2**。

　"強制"を選択すると、行末にきた句読点はすべてぶら下げ処理されるのに対し**20-1**、"標準"を選択すると、行末にきた句読点でもフレーム内に収まる場合にはぶら下げ処理しない**20-2**。

行末の句読点をテキストフレーム外にはみ出させて組むのが、ぶら下がり。ぶら下がりには、「標準」と「強制」の二つがある。用途に応じて使い分ける。

19-1 カーソルを入れる場所は、その段落内ならどこでもOK

行末の句読点をテキストフレーム外にはみ出させて組むのが、ぶら下がり。ぶら下がりには、「標準」と「強制」の二つがある。用途に応じて使い分ける。

20-1 "強制"の場合

19-2

行末の句読点をテキストフレーム外にはみ出させて組むのが、ぶら下がり。ぶら下がりには、「標準」と「強制」の二つがある。用途に応じて使い分ける。

20-2 "標準"の場合

OpenType機能を設定する

　OpenTypeフォント使用時のみ使うことのできる機能に、「OpenType機能」がある。目的のテキストを選択し、文字パネルのパネルメニューの"OpenType機能"から目的のものを選択する**21**。ここでは、それぞれ"任意の合字"**22-1**、"上付き文字"**22-2**、"欧文イタリック"**22-3**を指定した場合のサンプルを表示しておく。なお、機能名が[ ]で囲まれている機能は、そのフォントでは使用できないことを表している。

21

22-1「合字」とは、特定の欧文文字の組み合わせ(「fi」、「fl」など)で、フォント内部に合字用のデータを持っている場合に使用できる

22-2 選択した文字を、サイズを小さくして上付きの文字に変換できる。なお、「環境設定」ダイアログの[高度なテキスト]タブにある[文字設定]で、上付き文字や下付き文字の[サイズ]や[位置]を指定可能だ

InDesign

22-3 選択した文字を、イタリックの文字に変換できる

基礎解説編
文字と組版

05 字形の挿入

キーボードをタイプして入力できない記号類や異体字は、「字形」パネルから入力する。また、特殊文字やスペース、分割文字は「書式」メニューから挿入可能だ。これらは頻繁に使用する場合もあるので、どこに何があるのかを覚えておこう。

違う字形を挿入する

InDesignの「字形」パネルでは、指定したフォントのすべての字形が表示できる。そのため、キーボードをタイプすることでは入力できない字形は、字形パネルから入力を行う。

目的のテキスト中にカーソルを置き**01-1**、書式メニュー→"字形"、あるいはウィンドウメニュー→"書式と表"→"字形"を選択して字形パネルを表示させ、目的の字形をダブルクリックする**01-2**。これにより、目的の字形が入力できる**01-3**。

異体字を入力したい場合には、まず異体字に置換したい親文字を選択する**02-1**。すると、選択している親文字が字形パネルでハイライトされるので、ハイライトされた文字を長押しし、置換する字形を選択する**02-2**。これにより、選択していた字形が異体字に置換される**02-3**。

> 字形の右下に▶マークが表示されている字形には、異体字があることを表している。また、[最近使用した字形]欄には、直近で使用した35種類の字形が表示される。

01-1 目的の場所にカーソルを置く

01-2 挿入したい字形をダブルクリック

01-3 キーボードでは入力できない字形が挿入された

02-1 ここでは「辺」を選択

02-2 「辺」の異体字の候補が表示される

02-3 「辺」の異体字「邊」が入力された

Memo 文字の前後関係に依存するコントロール

CC 2015以降、環境設定の[高度なテキスト]に[文字の前後関係に依存するコントロール]という項目が追加された。この項目はバージョンがあがるごとに拡張されており、CC 2018では[異体字、分数、上付き序数表記、合字で表示]と[テキスト選択/テキストフレームの装飾を表示して書式をさらに制御]のオン/オフか可能となっている(デフォルトでは、どちらもオン)。[異体字、分数、上付き序数表記、合字で表示]がオンになっていると、文字を選択した際に異体字等の候補が表示され、[テキスト選択/テキストフレームの装飾を表示して書式をさらに制御]がオンになっていると、使用可能なOpenType機能の一覧が表示され、そのまま選択して適用できる。

[異体字、分数、上付き序数表記、合字で表示]がオンになっていると、選択した文字の異体字が最大5つ表示され、そのまま異体字に置換できる。なお、さらに候補を表示させたい場合には、一番右側の▶マークをクリックする

[テキスト選択/テキストフレームの装飾を表示して書式をさらに制御]がオンになっていると、OpenType機能のアイコンが表示され、クリックすることで使用可能なOpenType機能の一覧が表示される

基礎解説編

字形セットを登録する

　字形パネルで目的の字形を探す作業は、意外と面倒だ。そこで、よく使用する字形は「字形セット」として登録しておくと、すぐに使用できて便利。

　まず、字形パネルのパネルメニューから"新規字形セット…"を選択する**03-1**。「新規字形セット」ダイアログが表示されるので、[名前]を入力し、[OK]ボタンをクリックする**03-2**。次に、「字形セット」として登録したい字形を選択し、字形パネルのパネルメニューから"字形セットに追加"→"目的の字形セット(図では「MySet」)"を選択する**03-3**。これで、選択していた字形が字形セットに登録される。あとは、同様の手順を繰り返していけばOKだ。

　なお、登録した字形を使用したい場合には、字形パネルの[表示]に目的の字形セットを選択すればよい**04**。

03-1

03-2 [名前]を入力して[OK]をクリック

03-3

04 登録したセットを表示させると利用できる

字形セットの編集

　次に字形セットを編集してみよう。字形パネルのパネルメニューから"字形セットを編集"→"目的の字形セット(図では「MySet」)"を選択する**05-1**。すると、「字形セットを編集」ダイアログが表示され、登録されている字形がすべてリストされる**05-2**。

　05-2を見ると分かるが、字形の左下に赤で「u」と表示された字形とそうでない字形があるのが分かる。「u」と表示された字形は、[字形のフォントを保持]をオフにしたものだ。デフォルト設定ではオンになっており、字形セットに登録した字形はフォント情報も持っている。そのため、さまざまなフォントで使用したい字形の場合には、[字形のフォントを保持]をオフしておくのがお勧めだ。設定したら[OK]ボタンをクリックしてダイアログを閉じる。

05-1

05-2

Technique 字形パネルの便利な使い方

テクニック

目的の字形を素早く探したい場合、字形パネルの[表示]に目的のものを選択するとよい。字形の種類に応じた絞り込みが可能になる。

また、字形パネルには、選択した字形を"旧字体"や"印刷標準字体"、"等幅半角字"などに置換する機能も用意されている。例えば、2桁の数字を選択し、字形パネルのパネルメニューから"等幅半角字形"を選択すると、数字2文字で全角幅となる字形に置換できる。

あらかじめ多くのセットが用意されている

2桁の数字を選択　"等幅半角字形"を指定

数字2文字で全角幅となる字形に置換できた

特殊文字、スペース、分割文字を挿入する

InDesignには、特殊文字やさまざまなスペース、分割文字も用意されており、書式メニューから目的のものを選択するだけで入力できる。

"特殊文字の挿入"には、ビュレットや商標記号などの記号をはじめ、マーカーやさまざまなハイフン、引用符などが用意されている**06**。

また、"スペースの挿入"では、さまざまな文字幅のスペース**07**、"分割文字の挿入"では、テキストを分割させる分割文字が用意されている**08**。

なお、実際には印刷されないスペースや分割文字は、書式メニュー→"制御文字を表示"を実行することで、目視で確認できる。ただし、表示モードが"標準モード"になっている必要があるので注意しよう。

06　07

08

基礎解説編 — 文字と組版

06 縦中横

縦組み時に必須の作業が縦中横。InDesignには、指定した数字や欧文を自動で縦中横にする機能が備わっており、簡単な作業で設定できる。いくつかの方法があるので、目的に応じて使い分けよう。

縦中横を設定する

縦組みで算用数字を使用する場合、横向きになった数字を起こす「縦中横」の作業が必須となる。いくつかの方法があるが、縦中横の次の適用例を見てみよう。

まず、文字ツールで縦中横を適用したいテキストを選択し**01-1**、文字パネルのパネルメニューから"縦中横"を実行すると**01-2**、テキストに対して縦中横が適用される**01-3**。

なお、縦中横を適用したテキストの位置を調整したい場合には、文字パネルのパネルメニューから"縦中横設定..."を選択して、[縦中横設定]ダイアログの[上下位置]や[左右位置]を指定する**02**。

しかし、この方法だと1つずつ手作業で設定しなくてはならず非常に大変だ。そこで、実際の業務では段落単位で適用できる「自動縦中横設定」を使用する。縦中横を適用したい段落内にカーソルを置き**03-1**、段落パネルのパネルメニューから"自動縦中横設定..."を実行する**03-2**。「自動縦中横設定」ダイアログが表示されるので、[組み数字]で桁数を指定し、[OK]ボタンをクリックする**03-3**。このとき、[欧文も含める]にチェックを入れると、指定した桁数の欧文に対しても縦中横が適用される**03-4**。

> Illustratorの縦中横の機能に相当するのが、InDesignの文字パネルにある"縦中横"だ。しかし、文字単位で手作業で設定しなければならず、実際の作業ではほとんど使用しない。

01-1

01-2 "縦中横"を選択

01-3

03-1 段落内ならどこでもOK

03-2 "自動縦中横設定..."を選択

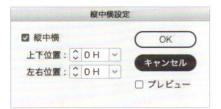

02 「縦中横設定」ダイアログ

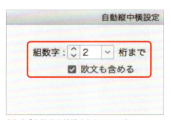

03-3 「自動縦中横設定」ダイアログで桁数を指定

03-4 欧文にも適用可

縦組み中の欧文回転を設定する

欧文を1文字単位で縦中横にすることも可能だ。目的の段落内にカーソルを置き**04-1**、段落パネルのパネルメニューから"縦組み中の欧文回転"を実行する**04-2**。すると、欧文テキストに対して1文字単位で縦中横が適用される**04-3**。

なお、"自動縦中横設定..."と"縦組み中の欧文回転"は併用することもできる。この場合、「自動縦中横設定」で指定した桁数までは、組数字として縦中横が適用され、それ以上の桁数の数字や欧文は1文字単位で縦中横が適用される**05**。

04-1

04-3 英数字が縦になった

05 "自動縦中横設定..."と"縦組み中の欧文回転"を併用した

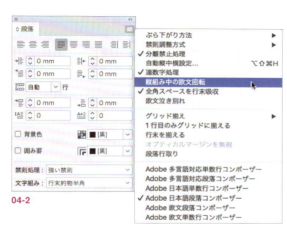

04-2

Technique 縦中横の中で組み数字を指定する

図のようなケースで、「36」と「ac」のそれぞれに対して文字パネルのパネルメニューから"縦中横"を適用しても、「36ac」が1つの組数字として縦中横が適用される。このような場合には、「36」と「ac」の間にカーソルを置き、書式メニューから"特殊文字の挿入"→"その他"→"結合なし"を実行する。これにより、「36」と「ac」がそれぞれ組数字として縦中横が適用される。

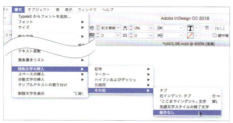

「36」と「ac」をそれぞれ別々に"縦中横"指定をしてもこのようになってしまう

間に特殊文字「結合なし」を挿入

「36」と「ac」がそれぞれ組数字として適用された

07 段落境界線

段落境界線の機能を活用することで、単なる直線だけでなく、文字数に応じて可変する境界線も作成できる。さらに、前境界線と後境界線を併せて使用することで高度な処理も可能だ。この機能もぜひ理解しておこう。

段落境界線を設定する

段落境界線とは、段落に対して境界線を作成できる機能で、一般的には下線と似たような機能だと思っている方も多いかも知れない。しかし、単に段落に対して境界線を引くだけではなく、かなり便利に使うことができる。まずは、基本的な使い方から見ていこう。

段落境界線の基本設定

境界線を適用したい段落内にカーソルを置き**01-1**、段落パネルのパネルメニューから"段落境界線..."を選択する**01-2**。「段落境界線」ダイアログが表示されるので、[境界線を挿入]にチェックを入れ、どのような境界線を作成するのかを設定する。ここでは[線幅]を「0.2mm」にし、[オフセット]を「−1mm」として境界線の位置を調整した**01-3**。[OK]ボタンをクリックすると、テキストフレームの横幅（横組みの場合）で境界線が適用される**01-4**。

段落境界線を字数に合わせる

では再度、「段落境界線」ダイアログを表示させ、[幅]を[列]から[テキスト]に変更してみよう**02-1**。すると、テキスト部分のみに対して境界線が反映される**02-2**。試しにテキストを編集してみると、テキスト量に応じて境界線が可変するのが分かるはずだ**02-3**。

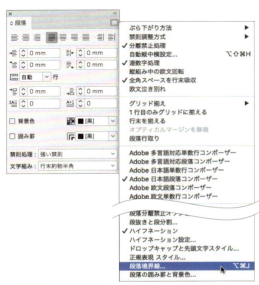

01-1 適用したい段落内にカーソルを置く

01-2 "段落境界線..."を選択

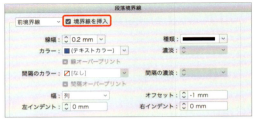

01-3 「段落境界線」で境界線の体裁を指定

01-4 境界線ができた

02-1 [幅：テキスト]とする

02-2 境界線の長さが字数と同じになった

02-3 字数に応じて長さが変化する

背景のベタ（平網）を設定する

今度は、「段落境界線」ダイアログの［線幅］と［カラー］を変更し、さらに［オフセット］、［左インデント］、［右インデント］で、境界線がテキストの中央にくるように設定してみよう**03-1**。［OK］ボタンをクリックするとテキストに反映される**03-2**。これで、見出しの背面にベタ塗りのオブジェクトを重ねたのと同じ効果が得られるが、ベタ塗りのオブジェクトがテキストフレームからはみ出しているのを修正したい場合には、段落パネルでインデントを設定すればOKだ**04**。これで見出しテキストの文字数に応じて可変するベタ塗りのオブジェクト（段落境界線）が作成できた。

「段落境界線」ダイアログで設定を行う場合は、［プレビュー］をオンにしておくとどのような結果が得られるかを把握しやすい。

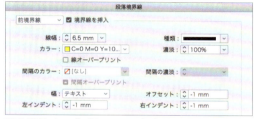

03-1［線幅：6.5mm］、［カラー：Y100］、［オフセット：-1mm］、［左インデント：-1mm］、［右インデント：-1mm］

03-2 背景に平網が敷かれた

04 インデントを設定してフレーム内に収めた

段落境界線の応用

「段落境界線」ダイアログでは、［前境界線］と［後境界線］の2本の境界線を作成可能だ。これにより、枠囲みのような効果を得ることもできる。

まず、「段落境界線」ダイアログで［前境界線］に対して図のような設定をした**05-1**。次に、［後境界線］に切り替え、図のような設定を行った**05-2**。ポイントは、［後境界線］の［線幅］を［前境界線］よりも若干細くし、同じ位置に重なるように設定すること。これにより、［線幅］の差分の半分があたかも枠囲みの罫線のように見えるという訳だ**05-3**。

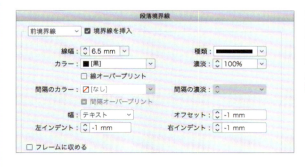

05-1［前境界線］に対して、［線幅：6.5mm］、［カラー：黒］、［オフセット：-1mm］、［左インデント：-1mm］、［右インデント：-1mm］

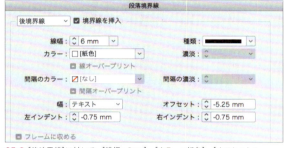

05-2［後境界線］に対して、［線幅：6mm］、［カラー：紙色］、［オフセット：-5.25mm］、［左インデント：-0.75mm］、［右インデント：-0.75mm］

05-3 囲み罫のような効果が得られた

では今度は、さらに枠囲みを角丸にしてみよう。「段落境界線」ダイアログで、[種類]に「点」あるいは「句点」を選択すると、[間隔のカラー]が指定可能になるので、境界線の[カラー]と同じカラーを指定する。これを[前境界線]と[後境界線]のそれぞれに対して行えばOKだ **06-1**。[OK]ボタンをクリックすれば、角丸のような効果が得られる **06-2**。後は、各設定のインデントなどを調整すればできあがり。

「段落境界線」ダイアログでは、[オフセット]が「0mm」の場合、境界線は[前境界線]も[後境界線]もテキストの仮想ボディの下に揃う。しかし、[前境界線]では[オフセット]をマイナスにしていくと、だんだん下方向に移動していくのに対し、[後境界線]ではだんだん上方向に移動していく。なお、[前境界線]と[後境界線]の両方を指定した場合、[前境界線]は[後境界線]の背面に表示される。

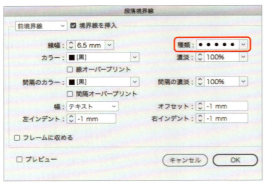
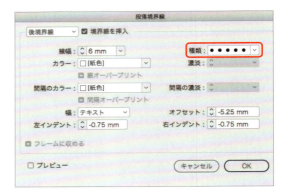

06-1 [前境界線]と[後境界線]の両方で「句点」を選択

06-2 角丸の囲み罫になった

基礎解説編
文字と組版

08 段落の囲み罫と背景色

段落境界線の機能を活用して、疑似的に背景色や囲み罫を作成しなくても、CC 2018の「段落の囲み罫と背景色」の機能で同様のことが実現できる。複数行に対しても適用できるため、CC 2018をお使いの方にはお勧めの機能だ。

段落の囲み罫を設定する

CC 2015で搭載された[段落の背景色]の機能が、CC 2018では[段落の囲み罫と背景色]として生まれ変わり、使い勝手も向上した。段落に対して囲み罫や背景色を設定できる機能で、段落境界線の機能を利用することなく、高度な背景オブジェクトを作成できる。

まずは、1行の段落に対して囲み罫を適用してみよう。目的の段落内にカーソルを置き01-1、段落パネルのパネルメニューから[段落の囲み罫と背景色]を選択する01-2。「段落の囲み罫と背景色」ダイアログが表示されるので、[囲み罫]にチェックを入れ、目的に応じて各項目を設定する。ここでは[線]の太さをすべて「0.2mm」、[角のサイズとシェイプ]をすべて「丸み(外)」で「2mm」、[オフセット]をすべて「1mm」に設定した01-3。[OK]ボタンをクリックすると、指定した囲み罫が適用される01-4。

囲み罫を字数に合わせる

では再度、「段落の囲み罫と背景色」ダイアログを表示させ、[幅]を[列]から[テキスト]に変更する02-1。すると、テキスト部分のみに対して境界線が反映される02-2。試しにテキストを編集してみると、テキスト量に応じて囲み罫が可変するのが分かるはずだ02-3。

01-1 適用したい段落内にカーソルを置く

01-2 "段落の囲み罫と背景色"を選択

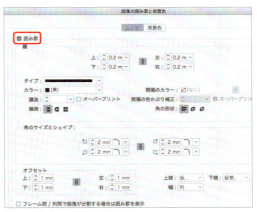
01-3 目的に応じて各項目を設定する

01-4 囲み罫が適用される

02-1 [幅：テキスト]とする

02-2 文字のある部分にのみ、囲み罫が適用される

02-3 字数に応じて囲み罫が変化する

段落の囲み罫と背景色　08　057

段落の囲み罫と背景色を設定する

今度は2行以上の段落に対して、段落の囲み罫と背景色を適用してみよう。目的の段落内にカーソルを置き、「段落の囲み罫と背景色」ダイアログを表示したら、[囲み罫]と[背景色]タブを切り替えながら、それぞれ各項目を設定していく。ここでは、[囲み罫]の[線]の太さをすべて「0.2mm」、[角のサイズとシェイプ]をすべて「丸み（外）」で「2mm」、[オフセット]をすべて「1mm」に設定し**03-1**、[背景色]の[カラー]を「Y50%」、[角のサイズとシェイプ]をすべて「丸み（外）」で「2mm」、[オフセット]をすべて「1mm」に設定した**03-2**。[OK]ボタンをクリックすると、囲み罫と背景色が適用される**03-3**。なお、段落が途中で異なるフレームに分離される場合でも囲み罫と背景色は適用されるが、段が変わる部分の背景色にも角丸が適用されてしまうので注意が必要**03-4**。なお、囲み罫や背景色は、段落パネルやコントロールパネルからも設定可能だが、きちんと数値で指定する場合には、「段落の囲み罫と背景色」ダイアログを使用する。

03-1 囲み罫の各項目を設定する

03-2 背景色の各項目を設定する

03-3 段落に対して囲み罫と背景色が適用される

03-4 段落が途中で異なるフレームに分離する場合、段が変わる部分の背景色にも角丸が適用される

Memo　複数の段落に一つの囲み罫や背景色を適用する

複数の段落に対して囲み罫や背景色を適用すると、それぞれの段落に対して適用されてしまう。これを1つの囲み罫や背景色として適用するためには、改行を強制改行(shift + return (Enter))に変更した後、強制改行の後に右インデントタブを入力することで対処できる。なお、右インデントタブは書式メニューから"特殊文字の挿入"→"その他"→"右インデントタブ"を選択することで入力可能。

複数の段落に囲み罫や背景色を適用した状態

改行を強制改行に変更することで、1つの段落とみなされる

基礎解説編
文字と組版

09 見出しの処理

InDesignでは、フレームグリッドを使用することで、「行取り」や「段落行取り」、「段抜き見出し」といった機能を利用することができる。見出しなどの処理を行う際に必須となる機能だ。

行取りを設定する

通常、見出しテキストは、本文より文字サイズを大きくしたり、フォントを太くしたりといった処理を行う。InDesignではこれらの書式設定以外にも、「行取り」や「段落行取り」、「段抜き見出し」といった機能も用意されており、見出しに必要な設定を素早く行える。なお、これらの機能はフレームグリッド使用時にのみ適用できる。

段落パネルの[行取り]は、見出しを何行取りにするかを指定する機能だ。見出しテキストの段落内にカーソルを置き01-1、段落パネルの[行取り]に何行取りにするかを指定するだけ01-2。これで、指定した行のセンターに見出しテキストが配置される01-3。

なお、フレームグリッドの先頭行の場合には、文字サイズを大きくしただけで自動的に2行取りになるが、これはテキストがフレームグリッドをはみ出すことができないために2行取りになるだけで、本来の2行取りとは異なる。

InDesignには、文字パネルに[字取り]という機能も用意されている。これは、選択している文字列を指定した文字数で組む機能。人名などを指定した文字数で幅を揃えたいときなどに使用すると便利。なお、プレーンテキストフレーム使用時にも[字取り]は適用できてしまうが、文字サイズを基準に字取りされる訳ではないので、使用はお勧めできない。基本的にフレームグリッドで使用する機能だ。

01-1 適用したい段落にカーソルを置く(選択する)

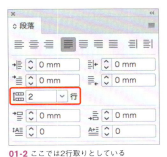
01-2 ここでは2行取りとしている

01-3 2行取りになった

段落行取りを設定する

「3行取り2行見出し」といったように、見出しが2行以上になるような場合は、[行取り]だけでなく「段落行取り」も使用する。例えば、ここでは見出し2行分で3行取りにしたいので、[行取り]を「3」と指定する02-1。しかし、見出しテキストが2行の場合、各行がそれぞれ3行取りになってしまい、うまくいかない02-2。ここでは見出し2行分で3行取りにしたいので、見出しテキストの段落内にカーソルを置き、段落パネルのパネルメニューから"段落行取り"を選択する03-1。すると、見出し2行分で3行取りになる03-2。後は、適切な[行送り]を指定すればOKだ。なお、見出しを任意の場所で改行したい場合には、[段落揃え]を[左揃え]にし、目的のテキスト間でshift＋return(Enter)キーを押して強制改行させるとよい04。

shift＋return(enter)キーを押すことで、通常の改行ではなく、強制改行となる。強制改行したテキストは、1つの段落とみなされ[段落行取り]が適用される。

02-1 段落パネルで[行取り：3]とした

02-2 しかし、計6行になってしまった

基礎解説編

03-1 パネルメニューから"段落行取り"を選択

03-2 見出し2行分で3行取りになった

04 「の」の後でshift+return(Enter)キーを押した

段抜き見出しを設定する

InDesignでは、段抜き見出しも設定可能だ。ただし、段抜き見出しが使用できるのは、1つのフレームグリッド内に複数の段を持つ場合のみ。ばらばらのフレームグリッドを連結させたようなケースでは使用できないので注意が必要。まず、段抜きしたい見出し内にカーソルを置き05-1、段落パネルのパネルメニューから"段抜きと段分割..."を選択する05-2。すると、「段抜きと段分割」ダイアログが表示されるので、[段落レイアウト]に[段抜き]を選択する05-3。なお、[段抜きする段数]や[段落前のアキ]、[段落後のアキ]も指定可能。目的に応じて設定しよう。[OK]ボタンをクリックすると、指定した段数で段抜きが適用される05-4。

なお、「段抜きと段分割」ダイアログでは、段を分割するための機能も用意されており、[分割する段数]や[段落前のアキ]、[段落後のアキ]、[段落間の間隔]、[フレームとの間隔]が指定できる06。

05-1 段抜きしたい見出しにカーソルするを置く（選択する）

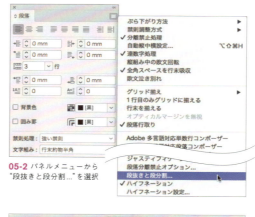

05-2 パネルメニューから"段抜きと段分割..."を選択

05-3 「段抜きと段分割」ダイアログで[段落レイアウト：段抜き]とする

05-4 段抜き見出しができた

06 [段落レイアウト：段分割]、[分割する段数：2]、[段落間の間隔：6mm]とした例

基礎解説編
文字と組版

10 合成フォント

合成フォントとは、かなや欧文など、字種のそれぞれに異なるフォントを割り当てることで、組版の表情を変える手法。デザインの現場では、文字組みを行う際に頻繁に用いられるデザイン手法のひとつだ。

合成フォントを作成する

InDesignでは、「漢字」、「かな」、「全角約物」、「全角記号」、「半角欧文」、「半角数字」のそれぞれに対して、フォントを指定した合成フォントを作成することができる。

書式メニューから"合成フォント..."を選択すると**01-1**、「合成フォント」ダイアログが表示されるので、[新規...]ボタンをクリックする**01-2**。すると、「新規合成フォント」ダイアログが表示されるので、任意の[名前]を付け、[OK]ボタンをクリックする**01-3**。なお、[元とするセット]には、これから作成する合成フォントの内容に近いものを選択するとよいが、特になければ[デフォルト]のままでかまわない。入力した名前で「合成フォント」ダイアログに戻るので、それぞれ各項目を設定していく。

ここでは、まず[漢字]、[かな]、[全角約物]、[全角記号]に対して、フォント「A-OTF ゴシックMB101 Pro B」を指定した**02-1**。次に、[半角欧文]、[半角数字]に対して、フォント「Myriad Pro Bold」を指定し、[サイズ]と[ライン]を設定した**02-2**。

01-1

01-2 「合成フォント」ダイアログ

01-3 「新規合成フォント」ダイアログ

02-1 [漢字]、[かな]、[全角約物]、[全角記号]に「A-OTF ゴシックMB101 Pro B」を指定

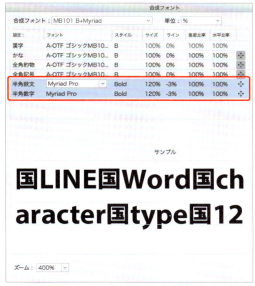

02-2 [半角欧文]、[半角数字]に「Myriad Pro Bold」を指定。[サイズ]と[ライン]も設定

このとき、[サンプル]の[ズーム]でプレビュー表示を拡大したり、ダイアログ右下のアイコンをクリックして基準となるガイドを表示させながら、[半角欧文]や[半角数字]の[サイズ]と[ライン]を調整していく。でき上がったら[保存]ボタン、さらに[OK]ボタンをクリックしてダイアログを閉じる。

保存した合成フォントは、フォントメニューに表示されるので、選択すれば使用可能になる03。

03 新規で作成した合成フォントがフォントメニューに表示される

「合成フォント」ダイアログで複数の項目に同じ値を設定したい場合は、まとめて選択して指定することが可能だ。shiftキーを押しながらクリックすると連続する複数の項目、command(Ctrl)キーを押しながらクリックすると連続していない複数の項目を選択できる。複数の項目を選択後に、いずれかの項目の設定を変更すると、その変更内容は選択していた他の項目にも反映される。

特例文字セットを設定する

InDesignの合成フォントでは、任意の字形を特例文字として登録することで、その字形のみ異なるフォントを指定することが可能だ。例えば、鍵括弧のみ別のフォントを指定してみよう。

まず、「合成フォント」ダイアログを表示させ、目的の[合成フォント]を表示させる04-1。[特例文字...]ボタンをクリックすると、「特例文字セット編集」ダイアログが表示される04-2。[新規...]ボタンをクリックすると、「新規特例文字セット」ダイアログが表示されるので、任意の[名前]付けて[OK]ボタンをクリックする04-3。元とするセットがある場合には[元とするセット]も選択しておこう。

04-1 [特例文字...]ボタンをクリック

04-2 「特例文字セット編集」ダイアログ

04-3 「新規特例文字セット」ダイアログ

「新規特例文字セット」ダイアログに戻るので、［文字］フィールドに特例文字として追加したい字形を登録していく**05**。なお、文字は直接入力してもかまわないが、［直接入力］のプルダウンメニューを利用してコード番号で指定することもできる。また、［フォント］も指定しておく。

［保存］ボタンと［OK］ボタンをクリックすると、「合成フォント」ダイアログに戻る**06**。ダイアログには登録した［特例文字セット］が反映されているので、目的に応じて［サイズ］や［ライン］を設定する。後は、［保存］ボタンと［OK］ボタンをクリックすれば登録完了だ。

● ［文字の中心から拡大/縮小し、文字幅を保持する］

「合成フォント」ダイアログにある［文字の中心から拡大/縮小し、文字幅を保持する］ボタンをクリックしてオンにすると**07**、その名の通り、文字幅を保持する。つまり、［サイズ］を何％に設定したとしても、100％のサイズで文字を送るということだ。そのため、図のケースだと欧文が重なってしまうことになる。

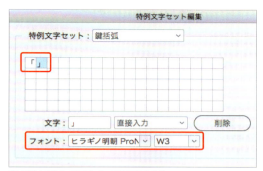

05 特例文字として追加したい字形を登録する

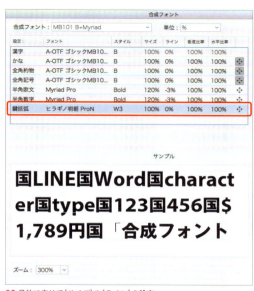

06 目的に応じて［サイズ］や［ライン］を設定

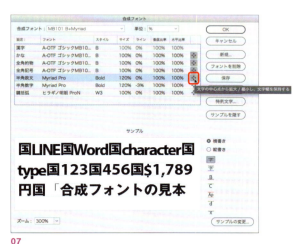

07

基礎解説編
文字と組版

11 禁則処理と禁則調整方式

和文組版では、「行頭禁則文字」や「行末禁則文字」のルールに基づいて文字組みする必要がある。この内容を設定として保存したものが「禁則処理」だ。そして、[禁則調整方式]の内容に基づいて禁則文字が処理される。

禁則処理を設定する

禁則処理で扱う文字

　和文組版にはさまざまなルールがある。句読点などのように行頭に来てはいけない文字を「行頭禁則文字」、始め括弧などのように行末に来てはいけない文字を「行末禁則文字」と呼ぶ。さらに、ぶら下げ処理をする際にぶら下げる文字を定めた「ぶら下がり文字」と、連続使用の際に分離させない文字を定めた「分離禁止文字」をまとめたものが、InDesignの「禁則処理」セットだ。

[強い禁則]と[弱い禁則]

　禁則処理は段落パネル、あるいはコントロールパネルから指定できるが01-1、日本語組版用には[強い禁則]01-2と[弱い禁則]01-3が用意されている。[強い禁則]と[弱い禁則]を見比べてもらえば分かると思うが、[強い禁則]の[行頭禁則文字]には促音や長音も含まれているなど、[弱い禁則]よりも厳しい設定となっている。用途に応じて、いずれかを選択しよう。

01-1 段落パネルでの指定

01-2 強い禁則　　　01-3 弱い禁則

禁則処理セットをカスタマイズする

　「禁則処理」セットはカスタマイズすることも可能だ。まず、段落パネルの[禁則処理]から[設定...]を選択する02-1。「禁則処理セット」ダイアログが表示されたら[新規]ボタンをクリックする。すると「新規禁則処理セット」ダイアログが表示されるので[名前]を入力して[OK]ボタンをクリックする02-2。なお、[元とするセット]には、[強い禁則]か[弱い禁則]のいずれか自分が作成したい内容に近いセットを選択しておく。

　入力した名前で「禁則処理セット」ダイアログに戻るので03、文字を追加してみよう。ここでは、電話のマーク「☎」を[行末禁則文字]に追加してみる。まず、[行末禁則文字]の空欄をクリックすると、青くハ

02-1 [設定...]を選択

02-2「新規禁則処理セット」

03 [禁則処理セット]が入力した名前になっている

イライトされる**04-1**。次に、[追加文字]のフィールドに「☎」を入力して[追加]ボタンをクリックする**04-2**。すると、[行末禁則文字]に「☎」が追加される**04-3**。このような手順で追加したい文字を登録していけばよい。

なお、[文字入力]のプルダウンメニューから目的のものを選択すれば、文字コードで文字を追加することもできる。[保存]ボタンと[OK]ボタンをクリックすれば、段落パネルの[禁則処理]からカスタマイズしたセットを指定可能となる**05**。

04-3 [行末禁則文字]フィールドに「☎」が追加された

05 登録したセットが段落パネルで選択可能になる

禁則調整方式を理解する

禁則処理は、段落パネルのパネルメニューにある"禁則調整方式"で指定された設定内容に応じて処理される**06**。デフォルト設定では"追い込み優先"が選択されているが、選択した内容に応じて文字組みも変わる。

07-1～**07-4**は、それぞれ"追い込み優先"、"追い出し優先"、"追い出しのみ"、"調整量を優先"で組んだものだ。"追い込み優先"では、禁則文字を追い込み、できるだけ同一行で調整することを優先する**07-1**。"追い出し優先"では、禁則文字を次の行に追い出すことを優先する**07-2**。"追い出しのみ"では、禁則文字を必ず次の行に追い出す**07-3**。"調整量を優先"では、禁則文字を追い出したときの文字間隔が、追い込んだときの文字間隔より極端に広くなる場合は、文字を追い込む**07-4**。なお、"調整量を優先"以外の設定では行頭または行末に禁則対象文字がある場合のみ、行中で生じたアキを処理できるのに対し、"調整量を優先"では行末・行頭に位置する文字が禁則対象文字でなくても、行中で発生したアキを主に「追い込む」方向で処理可能。そのため、個人的には"調整量を優先"の使用をお勧めする。

[禁則調整方式]には、「追い込み優先」「追い出し優先」「追い出しのみ」「調整量を優先」の4つがあり、選択している[禁則処理]セットの内容に応じて、禁則文字の追い込み、追い出しをどのように処理するかが決定される。なお、デフォルト設定では、「追い込み優先」が選択されている。

07-1 "追い込み優先"

[禁則調整方式]には、「追い込み優先」「追い出し優先」「追い出しのみ」「調整量を優先」の4つがあり、選択している[禁則処理]セットの内容に応じて、禁則文字の追い込み、追い出しをどのように処理するかが決定される。なお、デフォルト設定では、「追い込み優先」が選択されている。

07-2 "追い出し優先"

[禁則調整方式]には、「追い込み優先」「追い出し優先」「追い出しのみ」「調整量を優先」の4つがあり、選択している[禁則処理]セットの内容に応じて、禁則文字の追い込み、追い出しをどのように処理するかが決定される。なお、デフォルト設定では、「追い込み優先」が選択されている。

07-3 "追い出しのみ"

[禁則調整方式]には、「追い込み優先」「追い出し優先」「追い出しのみ」「調整量を優先」の4つがあり、選択している[禁則処理]セットの内容に応じて、禁則文字の追い込み、追い出しをどのように処理するかが決定される。なお、デフォルト設定では、「追い込み優先」が選択されている。

07-4 "調整量を優先"

06

禁則処理と禁則調整方式

基礎解説編 文字と組版

12 文字組みアキ量設定

InDesignで美しい文字組みを行うための重要な機能が「文字組みアキ量設定」だ。この設定の内容いかんで文字組みは大きく変わる。まさに、InDesignの文字組みを決定付けている非常に重要な機能だ。

「文字組みアキ量設定」とは？

「文字組みアキ量設定」とは、文字と文字が並んだ際の「アキ量」を指定したものだ01。まずは、「文字組みアキ量設定」がどういうものなのかを理解しておこう。

例えば、01の文字の並びをすべて全角幅で組みたい場合には、「永」と中黒(・)のアキ量を四分(1/4文字分)、中黒と「あ」のアキ量を四分(1/4文字分)、「あ」と始め鍵括弧(「)のアキ量は二分(1/2文字)とする必要がある。このように文字と文字の「アキ量」の集合体が「文字組みアキ量設定」という訳だが、実際には文字と文字の組み合わせは膨大な数になってしまう。

「文字組みアキ量設定」は「文字クラス」間のアキの設定

そこでInDesignでは、文字をいくつかのグループに分けている。それが「文字クラス」だ02。つまり、「文字クラス」と「文字クラス」のアキ量を定めたものが「文字組みアキ量設定」という訳だ。なお、各文字クラスにどのような文字が含まれているかは、表03で確認してほしい。

各文字クラスはすべてが全角幅ではなく、ベースとなるサイズが異なるものもある。例えば、括弧類や句読点などの約物は、半角幅がベースとなる。また、半角数字や欧文はプロポーショナル(字形によって文字幅が異なる)となる。つまり、ベースとなる文字幅を基準として、アキ量を設定するということだ。各文字クラスのベースとなるサイズは「文字組みアキ量設定」ダイアログのアイコンを見ることで判断できる04。

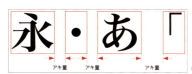

01 文字と文字のアキ量

02 文字クラス

始め括弧類	「『([{'"〈《【	
始めかぎ括弧	「『	
始め丸括弧	(	
その他の始め括弧	[{'"〈《【	
終わり括弧類	」』)]}'"〉》】	
終わりかぎ括弧	」』	
終わり丸括弧	)	
その他の終わり括弧	]}'"〉》】	
読点類	、,	
読点	、	
コンマ類	,	
句点類	。.	
句点	。	
ピリオド類	.	
中点類	・:;	
中黒	・	
コロン類	:;	
区切り約物	!?	
分離禁止文字	―…‥	
前置省略記号	¥$£	
後置省略記号	%¢°‰′″℃	
和字間隔	全角スペース	
行頭禁則和字	あいうえおつやゆよわゝゞァィゥェォッャュョヮヵヶ／―(音引き)	
平仮名	ひらがな(拗促音除く)	
カタカナ	カタカナ(拗促音除く)	
上記以外の和字	漢字	
全角数字	０１２３４５６７８９	
半角数字	0123456789	
欧文	欧文	

03 各文字クラスの内訳(すべての文字が載っている訳ではない)

04
（半角ベースの文字クラス／プロポーショナルな文字クラス）

デフォルトで用意されている14種類の文字組みアキ量設定

デフォルトの14種は4つのグループに分かれている

　InDesignには、デフォルトで14種類の「文字組みアキ量設定」が用意されている**05-1**。14種類もあると、どれを使用すればよいのか迷ってしまうが、実際には4種類の設定しかないと思ってよい。まずは、これら4種の設定内容をきちんと理解しておこう。

　「文字組みアキ量設定」の各設定名の中黒を「＋」に置き換えると分かりやすいが、次の4つの設定に、それぞれ段落字下げのバリエーションを追加したものだと分かる**05-2**。つまり、ベースとなる4つの設定を理解すればよいということだ。

4つのグループの各特性

　では実際に、これら4つの設定を適用した文字組みを見ていこう。

　［行末約物半角］は、行頭、行末に来た約物をすべて半角として組む**06-1**。［約物全角］は、すべての約物を全角として組む**06-2**。［行末受け約物全角／半角］は、行末に来た約物を全角、あるいは半角として組む**06-3**。［行末句点全角］は、行末に来た句点のみを全角として組む**06-4**。

　なお、段落字下げのバリエーションは、［段落1字下げ（起こし食い込み）］、［段落1字下げ］、［段落1字下げ（起こし全角）］の3種類がある。それぞれ行頭に約物が来た際の処理が変わる。**07-1**〜**07-3**を見ると分かりやすいが、［段落1字下げ（起こし食い込み）］では段落行頭が0.5文字分のアキとなり**07-1**、［段落1字下げ］では1文字分のアキ**07-2**、［段落1字下げ（起こし全角）］では1.5文字分のアキとなる**07-3**。

05-1 段落パネルの［文字組み］をクリックするとデフォルトの設定が表示される

行末約物半角
行末受け約物半角＋段落1字下げ（起こし食い込み）
行末約物半角＋段落1字下げ
行末受け約物半角＋段落1字下げ（起こし全角）

約物全角
約物全角＋段落1字下げ
約物全角＋段落1字下げ（起こし全角）

行末受け約物全角／半角
行末受け約物全角／半角＋段落1字下げ（起こし食い込み）
行末約物全角／半角＋段落1字下げ
行末受け約物全角／半角＋段落1字下げ（起こし全角）

行末句点全角
行末句点全角＋段落1字下げ
行末句点全角＋段落1字下げ（起こし全角）

05-2

「文字組みアキ量設定」に何を選択したかで、文字組みは大きく変わる。『美しい文字組み』を実現するために、どのような動作をするのかを理解し、しっかり把握しておこう。

06-1［行末約物半角］：
行頭、行末に来た約物はすべて半角

「文字組みアキ量設定」に何を選択したかで、文字組みは大きく変わる。『美しい文字組み』を実現するために、どのような動作をするのかを理解し、しっかり把握しておこう。

06-2［約物全角］：
すべての約物は全角

「文字組みアキ量設定」に何を選択したかで、文字組みは大きく変わる。『美しい文字組み』を実現するために、どのような動作をするのかを理解し、しっかり把握しておこう。

06-3
［行末受け約物全角／半角］：
行末に来た約物は全角、あるいは半角

「文字組みアキ量設定」に何を選択したかで、文字組みは大きく変わる。『美しい文字組み』を実現するために、どのような動作をするのかを理解し、しっかり把握しておこう。

06-4［行末句点全角］：
行末に来た句点のみ全角

「文字組み　「文字組み　「文字組み

07-1［段落1字下げ（起こし食い込み）］：段落行頭が0.5文字分のアキ

07-2［段落1字下げ］：段落行頭が1文字分のアキ

07-3［段落1字下げ（起こし全角）］：段落行頭が1.5文字分のアキ

基礎解説編

Memo 「文字組みアキ量設定」を非表示にする

「文字組みアキ量設定」は環境設定でオフ(非表示)にすることが可能だ。「環境設定」ダイアログの[文字組みプリセットの表示設定]で、使用しない設定のチェックを外せば、メニューに表示されなくなる。ただし、「行末約物半角」は非表示にできない。

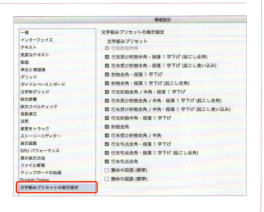

「文字組みアキ量設定」をカスタマイズする

InDesignにはデフォルトで14種類の「文字組みアキ量設定」が用意されているが、「実際の業務ではそのままでは使えない設定が多いのでカスタマイズしている」という声もよく聞く。そのような場合、「文字組みアキ量設定」をカスタマイズすることになる。

カスタマイズの方法

まず、段落パネルの[文字組み]から[基本設定...]を選択する08-1。すると、「文字組みアキ量設定」ダイアログが表示されるので、[新規...]ボタンをクリックする08-2。「新規文字組みセット」ダイアログが表示されるので、任意の[名前]を入力して[OK]ボタンをクリックする08-3。このとき[元とするセット]には、自分が作成する設定に一番近い文字組みアキ量設定を選択しておこう。「文字組みアキ量設定」ダイアログに戻り、新しく作成したセットが編集可能となるので、各項目を設定していく。

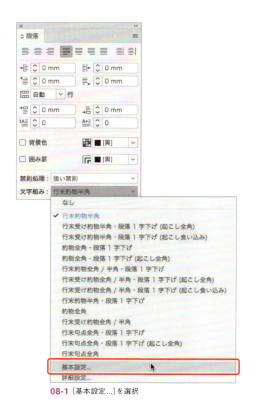

08-1 [基本設定...]を選択

08-2 「文字組みアキ量設定」ダイアログで[新規...]ボタンをクリック

08-3 [名前]を入力して[OK]ボタンをクリック

●「基本設定」

「基本設定」では、行中、行頭、行末の［約物］のアキ量と、［連続する約物］のアキ量、［段落字下げ］をどうするのか、そして［和欧間］のアキ量を設定する。変更は、各項目のポップアップメニューから実行できるが、例えば「50%（0%〜50%）」となっている場合には、「基本的に50%（二分）のアキ量で組むが、場合によっては0%から50%の間でアキ量を調整する」といった意味になる。**09**は［和欧間］のアキ量を変更したところだが、変更箇所は保存するまで赤字で表示される。

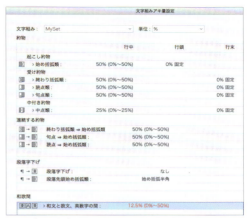

09 変更箇所は保存するまで赤字で表示される

●「詳細設定」

では、ダイアログ右にある［詳細設定...］ボタンをクリックして、画面を切り替えよう**10**。

「詳細設定」では、文字クラスと文字クラスが並んだ際のアキ量をより細かく指定していく。どの文字クラスを設定するかは、ダイアログ上部のポップアップメニューから切り替えられる。

まず、［前の文字クラス］に［半角数字］を選択してみよう。すると、［平仮名］、［カタカナ］、［上記以外の和字］の［最小］と［最適］が赤字になっているのが分かるはずだ**11**。これは、先ほど［基本設定］で行った変更内容が反映されているためだ。

10「詳細設定」の画面に切り替わった

11［前の文字クラス］に［半角数字］を選択した状態

「基本設定」では［単位］に「%」、「分」、「文字幅/分」のいずれか、「詳細設定」では「%」、「分」のいずれかを使用できる。また、shiftキーを押すことで複数の連続する項目を、command（Ctrl）キーを押すことで複数の連続しない項目を選択することができる。同じ設定をしたい場合には、まとめて選択しておくと便利だ。

「文字組みアキ量設定」は、満足のいく設定を一発で作り上げるのはなかなか難しい。そのため、実際にはいろいろなパターンのテキストに適用してみて、満足いくよう少しづつブラッシュアップしていくことになる。ダイアログの設定項目が多いため、慣れないうちはカスタマイズすることに抵抗を覚えるかも知れないが、設定の考え方を理解さえしておけば恐れることはない。いろいろと試してみてほしい。

なお、ネット上でカスタマイズした「文字組みアキ量設定」を配布されている方もいる。慣れないうちは、ダウンロードさせていただき、参考にするとよいだろう。

● 設定の考え方

次に実際にいくつかの項目を設定していくが、設定の考え方は次の通りだ。

各文字クラスのアキ量には、それぞれ［最小］、［最適］、［最大］を設定できるが、基本的に［最適］で指定したアキ量で文字組みがされる。しかし、均等配置で組んだ場合には、行内に生じたアキをどこかで吸収する必要が出てくるため、［最小］から［最大］の間で調整を行う（［段落揃え］を［左揃え］や［中央揃え］［右揃え］で組んでいる場合には［最適］の内容で組まれる）。

また、この調整は［優先度］の高いものから処理される。「1～9、なし」のいずれかを指定できるが、「1」から順に処理され、「なし」が一番最後に処理される。なお、アキ量にはマイナスの値も指定可能だ。

では、［前の文字クラス：ひらがな］を選択して設定を行おう。ここでは、ひらがなや片仮名が並んだ際に、若干詰める設定にしてみたい。まず、［後の文字クラス］の［行頭禁則和字］と［ひらがな］、［片仮名］を選択し、［最小］を「−8％」、［最適］を「−4％」とする **12-1**。

同様の手順で、［前の文字クラス：カタカナ］と［前の文字クラス：行頭禁則和字］も設定する **12-2** ／ **12-3**。この設定は、基本的には−4％詰めるが、場合によっては−8％まで詰めてもよいというものだ。

このように、目的の応じて［前の文字クラス］や［後の文字クラス］を切り換えながら各項目を設定していく。

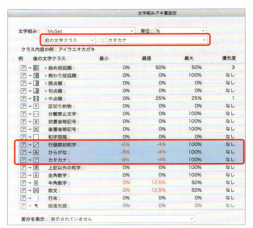

12-2［前の文字クラス：カタカナ］を設定

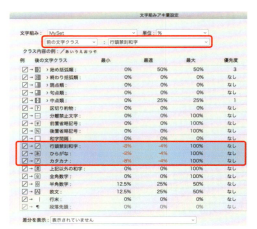

12-3［前の文字クラス：行頭禁則和字］を設定

● 設定を保存する

設定できたらダイアログ右にある［保存］ボタンと［OK］ボタンをクリックしてダイアログを閉じる。これで段落パネルの［文字組み］から指定可能になる **13**。

13 作成した設定は段落パネルから指定できる

12-1［前の文字クラス：ひらがな］を選択し、［後の文字クラス］の［ひらがな］と［片仮名］、［行頭禁則和字］を選択、［最小］を「−8％」、［最適］を「−4％」とした

基礎解説編
文字と組版

13 コンポーザー

「コンポーザー」とは、InDesignがテキスト内のどこで改行するかを決定している設定だ。日本語組版用には2つの設定が用意されており、それぞれどう違うのかを理解しておきたい。

コンポーザーを設定する

段落パネルのパネルメニューにはコンポーザーの設定があり、日本語組版用には［Adobe 日本語単数行コンポーザー］と［Adobe 日本語段落コンポーザー］の2つが用意されている**01**。欧文組版では欧文用のコンポーザーを選択するが、和欧混植など、日本語が入る場合には必ず日本語用のコンポーザーを使用する。なお、CS6で追加された多言語対応のコンポーザーでは、インド言語がサポートされている。

01 段落パネルのパネルメニュー

［Adobe 日本語単数行コンポーザー］と ［Adobe 日本語段落コンポーザー］の違い

デフォルト設定では［Adobe 日本語段落コンポーザー］が選択されているが、どのような違いがあるかを見ていこう。

02-1は和欧混植のテキストに［Adobe 日本語単数行コンポーザー］を、**02-2**は同じテキストに［Adobe 日本語段落コンポーザー］を適用したものだ。

［Adobe 日本語単数行コンポーザー］では、どこで改行するかを1行単位で決定しており、テキストを修正しても修正箇所よりも前の行の文字組みが変わることはない。これに対し、［Adobe 日本語段落コンポーザー］では段落全体で各行のアキができるだけ均等になるよう改行位置を決定している。そのため、テキストを修正すると修正箇所よりも前の行の文字組みが変わることがあるのだ。印刷業界では、修正がない箇所の文字組みが変わることを嫌うため、多くの印刷会社では［Adobe 日本語単数行コンポーザー］が推奨されている。

> InDesignには、和文組版用に「Adobe 日本語単数行コンポーザー」と「Adobe 日本語段落コンポー」の2つのコンポーザーが用意されている。それぞれ、段落単位、または行単位で、改行位置を決定している。

02-1［Adobe 日本語単数行コンポーザー］を適用した状態

> InDesignには、和文組版用に「Adobe 日本語単数行コンポーザー」と「Adobe 日本語段落コンポー」の2つのコンポーザーが用意されている。それぞれ、段落単位、または行単位で、改行位置を決定している。

02-2［Adobe 日本語段落コンポーザー］を適用した状態

［Adobe欧文段落コンポーザー］と ［Adobe日本語段落コンポーザー］の違い

03-1は欧文テキストに［Adobe欧文段落コンポーザー］を、**03-2**は同じ欧文テキストに［Adobe日本語段落コンポーザー］を適用したものだ。**03-1**は均等配置で生ずる各行の半端なアキを欧文スペース（単語間）で調整しているのに対し、**03-2**はアキを文字間（文字組みアキ量設定）で調整している。やはり、欧文テキストは、欧文用のコンポーザーで組んだ方が美しい。

All your fonts at your fingertips.
Access Typekit's rich library of desktop fonts directly from the font menu. Got a document with missing fonts? InDesign finds matching fonts from the Typekit library and prompts you to sync them with a single click.

03-1［Adobe欧文段落コンポーザー］を適用した状態

All your fonts at your fingertips.
Access Typekit's rich library of desktop fonts directly from the font menu. Got a document with missing fonts? InDesign finds matching fonts from the Typekit library and prompts you to sync them with a single click.

03-2［Adobe日本語段落コンポーザー］を適用した状態

デフォルトのコンポーザーを変更する

デフォルトのコンポーザーの変更は「環境設定」ダイアログから変更できる。［高度なテキスト］カテゴリーで指定可能だ**04**。

和文が混じったテキストに他言語対応や欧文用のコンポーザーを適用すると、縦書きやルビなど、日本語専用の機能はスキップされてしまうので要注意。

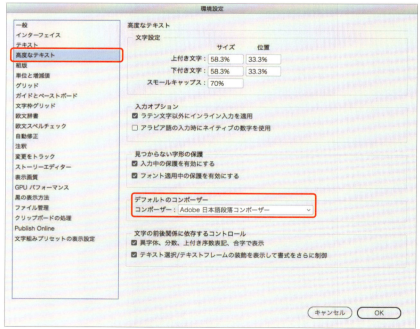

04 デフォルトのコンポーザーは［高度なテキスト］で指定できる

基礎解説編
文字と組版

14 文字詰め処理

InDesignの文字詰め処理には、さまざまな機能が用意されている。どのような方法があり、どういったケースで使用するとよいのかをきちんと理解しておくことが、使いこなせるようになる近道だ。

文字詰め処理のための複数の機能

InDesignには、文字パネルや段落パネル、フレームグリッド設定、文字組みアキ量設定など、文字詰め処理を行うために使用できる機能があちらこちらに用意されている。品質の高い組版を効率的に行えるようにするために、それぞれの特性を理解しておこう。

ここでは機能別ではなく、組版の目的別にその手法を紹介する。

文字を均等に詰める

文字を詰める方法はいろいろあるが、「文字を均等に詰める」方法と、文字の形に応じて詰める「プロポーショナルな詰め」に大きく分けることができる。それぞれいくつかの方法があるので、まずは「文字を均等に詰める」方法から解説していこう。

トラッキング

文字ツールで選択している文字に対して、文字パネルの[選択した文字のトラッキングを設定]で値をマイナスに設定すれば、設定した値で均等に文字詰めできる**01**。選択した複数の文字を均等に詰めたい際には便利な機能だが、選択した文字に欧文テキストが混じっている場合には、欧文テキストも詰まってしまうので注意。なお、プラスの値を設定すれば、字間が広がる。

01 トラッキングを適用したい文字を選択し、文字パネルの[選択した文字のトラッキングを設定]にマイナスの値を設定すると、均等に字間が詰まる

ジャスティフィケーションの文字間隔

段落パネルのパネルメニューから"ジャスティフィケーション..."を選択して、「ジャスティフィケーション」ダイアログの[文字間隔]をマイナスに設定することでも、均等詰めが可能**02**。トラッキングと同様の効果を得ることができる。ただし、段落単位での適用となる。

02 「ジャスティフィケーション」ダイアログの[文字間隔]の[最小]、[最適]、[最大]を設定することで、段落に対して均等詰めが適用される

フレームグリッド設定の字間をマイナスにする

　フレームグリッドを選択し、オブジェクトメニューから"フレームグリッド設定…"を選択すると、「フレームグリッド設定」ダイアログが表示される。この[字間]をマイナスに設定することで、均等詰めを実現できる03。「1歯詰め」、「2歯詰め」といったように、写植の時代の均等詰めを再現した機能だ。

　欧文テキスト部分には詰めが適用されないので、均等詰めでは一番お勧めの機能。ただし、フレームグリッドを使用している際にしか使用できない。

文字組みアキ量設定を利用した均等詰め

　文字組みアキ量設定をカスタマイズすることによっても、均等詰めは可能だ。例えば、ひらがなやカタカナが並んだ際に字間を詰めたい場合には、[ひらがな]、[カタカナ]、[上記以外の和字]のそれぞれの文字クラスが並んだ際のアキ量をマイナスに設定すればよい04。これにより、指定した文字クラスの字間を均等詰めできる。ただし厳密に言えば、均等配置で組んだ際には、必ずしも同じ値での均等詰めにはならないので注意。

03 「フレームグリッド設定」ダイアログの[字間]をマイナスに設定することで、均等詰めできる

04 文字組みアキ量設定をカスタマイズすることで、任意の文字クラスの字間を詰めることができる

プロポーショナルな詰め

　文字の形によって詰め幅が異なるのが「プロポーショナルな詰め」だ。プロポーショナルな詰めには、フォントが内部に持つ情報を参照して文字を詰める機能と、InDesignが文字の形を判断して文字を詰める機能とがある。いくつかの機能があるので、しっかりと覚えておきたい。

プロポーショナルメトリクス

　目的のテキストを選択し、文字パネルのパネルメニューから"OpenType機能"→"プロポーショナルメトリクス"を選択すると、フォントが持つ詰め情報を参照して文字が詰まる05。文字単位で適用できるが、詰め幅の調整はできず、OpenTypeフォントでしか使用できない。

05 "OpenType機能"の"プロポーショナルメトリクス"を適用することで、フォントの詰め情報を基に文字を詰めることができる

文字ツメ

目的のテキストを選択して文字パネルの［文字ツメ］を指定すると、字間が詰まる**06**。この機能は、フォントの仮想ボディと実際の文字とのアキ（サイドベアリング）を詰めてくれる機能なので、設定した文字の前後の間隔が詰まる。そのため、行頭の文字の前や行末の文字の後ろのアキも詰めることができる。また、ツメ幅の調整ができるのも特徴で、「0～100%」の間で指定が可能。

06［文字ツメ］を指定することで、緩い詰めからきつい詰めまで、目的に応じて詰めることができる

カーニング（メトリクス）

選択したテキストに対して［メトリクス］を適用すると、フォントの持つペアカーニング情報を基に字間が詰まる**08**。ペアカーニングとは、「LA」、「To」、「Ty」、「Wa」、「Yo」など、特定の文字の組み合わせのときに字間をどれだけ詰めるかの情報で、一般的には欧文に対して設定されている。しかし、フォントメーカーによっては和文の平仮名やカタカナにペアカーニング情報を持つものもあり、実際に適用された値は（ ）付きで表示される。

08［カーニング］の［メトリクス］を適用したもの。ペアカーニング情報に基づいて字間が詰まる。実際に適用されたカーニング値は確認できる

カーニング（オプティカル）

文字パネルの［カーニング］には、数値を指定する以外にも［オプティカル］、［和文等幅］、［メトリクス］のいずれかを指定可能だ。選択したテキストに対して［オプティカル］を適用すると、InDesignが文字の形を判断し、字間が調整される**07**。字間にカーソルを置いてみると分かるが、実際にどれだけカーニングされたかが（ ）付きで表示される。必ずしも詰まるわけではなく、文字の並びによっては開くケースもある。

07［カーニング］の［オプティカル］を適用したもの。文字の形に応じて字間が調整される。実際に適用されたカーニング値は確認できる

カーニング（和文等幅）

［和文等幅］を適用すると、和文部分はいっさい詰めることをせず、欧文部分のみペアカーニング情報に基づいて字間を詰める**09**。これがデフォルト設定だ。

09［カーニング］の［和文等幅］を適用したもの。欧文部分のみペアカーニング情報に基づいて字間が詰まる。実際に適用されたカーニング値は確認できる

基礎解説編

Attention カーニングがゼロなのに字間が詰まる？

[メトリクス]を適用すると、ペアカーニング情報に基づいて字間が詰まるが、実際にはカーニングが「(0)」と表示されているにもかかわらず、字間が詰まっているところがあるはずだ。実は[メトリクス]を適用すると、同時にプロポーショナルメトリクスも適用される（文字パネルの"プロポーショナルメトリクス"はオフのまま）。しかし、任意の字間に手作業でカーニングを指定すると、別の箇所の字間が変わってしまうという問題がある。

この問題を回避するには、文字パネルのパネルメニューから"OpenType機能"→"プロポーショナルメトリクス"を選択してオンにしておく。つまり、[メトリクス]を適用した際には、併せて"プロポーショナルメトリクス"もオンにしておくということだ。これで問題を回避できる。

手作業による詰め

InDesignにはさまざまな詰めの機能が用意されているが、タイトル周りなど、目で見て最終的に手作業で字間を調整するケースもある。このような場合には、文字パネルの[カーニング]に数値を入力して字間の調整を行う10。さまざまな詰め機能と併せて使い分けよう。

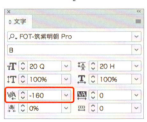

10 目的の字間にカーソルを置いたら、文字パネルの[カーニング]に数値を指定する。指定した値で字間が調整される。

Memo ［文字前のアキ量］と［文字後のアキ量］を使用する

句読点や括弧類など、約物などの字間を部分的に調整したい場合には、［文字前のアキ量］や［文字後のアキ量］を使用してもよい。選択した文字に対して、文字パネルの［文字前のアキ量］または［文字後のアキ量］を指定すると、その内容に応じて前の文字や後の文字との字間を調整できる。

基礎解説編
文字と組版

15 段落スタイルと文字スタイルを使いこなす

InDesignを使いこなす上で最も重要といっても過言ではないのがスタイル機能だ。テキストへ素早く書式が適用できるとともに、修正も素早く行うことができる。ぜひ、使いこなしてほしい機能だ。

段落スタイルを作成する

段落スタイルとは

段落に対して適用した書式を、スタイルとして登録したものが「段落スタイル」だ。複数のテキストに同じ書式を適用する場合でも、段落スタイルとして登録してあれば、後はスタイル名をクリックするだけで書式を適用していけるため、大幅な作業時間の短縮に繋がる。

段落スタイルの作成方法

まず登録したい書式を適用したテキストを文字ツールで選択、あるいは段落内にカーソルを置く**01-1**。次に「段落スタイル」パネルの［新規スタイルを作成］ボタンをクリックする**01-2**。

選択していたテキストの書式が反映された段落スタイルが「段落スタイル1」という名前で作成されるが、この時点では、この段落スタイルと選択しているテキストは関連付けられていない（リンクされていない）ので、この段落スタイル名をダブルクリックする**01-3**。すると「段落スタイルの編集」ダイアログが表示されるので、［スタイル名］を入力して［OK］ボタンをクリックする**01-4**。このとき、［スタイル設定］欄で登録された内容が正しいかどうかを確認しておこう。スタイル名が反映された状態で段落スタイルパネルに戻る**01-5**。後は、この段落スタイル名をクリックすれば、同じ書式（段落スタイル）を適用していくことができる。

なお、新規で「段落スタイル」を作成する際に、option〔Alt〕キーを押しながら［新規スタイルを作成］ボタンをクリックすると、「段落スタイルの編集」ダイアログを自動的に表示させることができる。このとき、［選択範囲にスタイルを適用］にチェックを入れておくと、選択しているテキストとこの段落スタイルが関連付け（リンク）される**02**。

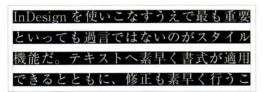

01-1 段落スタイルを適用したい段落を選択

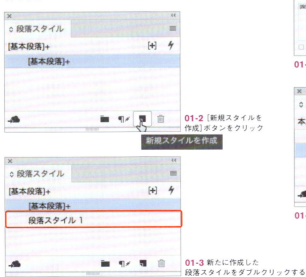

01-2 ［新規スタイルを作成］ボタンをクリック

01-3 新たに作成した段落スタイルをダブルクリックする

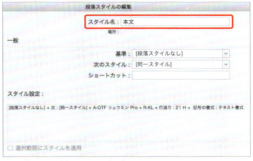

01-4 ［スタイル名］を入力して［OK］ボタンをクリック

01-5

段落スタイルと文字スタイルを使いこなす **15** 077

基礎解説編

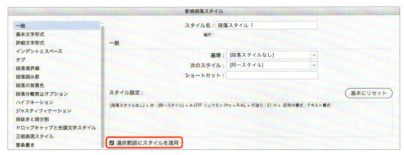

02 ［選択範囲にスタイルを適用］にチェックを入れておくと、選択しているテキストとこの段落スタイルが関連付けされる

文字スタイルを作成する

文字スタイルとは

段落全体の書式をコントロールする段落スタイルに対し、文字単位で書式をコントロールできるのが「文字スタイル」だ。時折、段落スタイルを適用せずに文字スタイルのみを適用したドキュメントを見かけるが、基本的には段落スタイルを適用したテキストの書式を部分的に変更したい場合に文字スタイルを使用する。

文字スタイルの作成方法

まず、書式を変更したテキストを文字ツールで選択する03-1。すると、段落スタイルパネルの段落スタイル名の後に「+」マークが表示されているはずだ03-2。この状態を「オーバーライド」と呼び、適用している段落スタイルと、選択しているテキストの書式に違いがあることを表している。この例ではフォントやカラーを変更しているので、当然オーバーライドになっているという訳だ。

次に、「文字スタイル」パネルの［新規スタイルを作成］ボタンをクリックする03-3。「文字スタイル1」という名前で、選択していたテキストの書式が反映された文字スタイルが作成されるが、この時点ではこの文字スタイルと選択しているテキストは関連付けられていない（リンクされていない）ので、この文字スタイル名をダブルクリックする03-4。すると、「文字スタイルの編集」ダイアログが表示されるので、［スタイル名］を入力する03-5。このとき［スタイル設定］欄を見てみると、フォントとカラーの情報しか登録されていないのが分かる。つまり、段落スタイルの内容と異なる書式のみが文字スタイルとして登録されるという訳だ。

［OK］ボタンをクリックすると、スタイル名が反映された状態で「文字スタイル」パネルに戻る03-6。後は、この文字スタイル名をクリックすれば、同じ書式（文字スタイル）を適用していくことができる。

なお、「段落スタイル」パネルを見てみると、オーバーライドが解消されているのが分かる04。

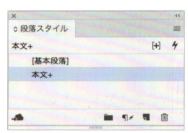

03-1 書式を変更したテキストを選択

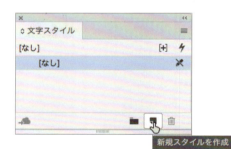

03-2 この例では、「本文+」となっている

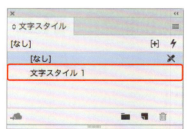

03-3 ［新規スタイルを作成］ボタンをクリック

03-4 新たに作成された文字スタイルをダブルクリックする

03-5 ［スタイル名］を入力

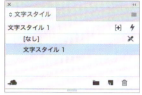

03-6

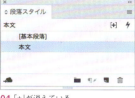

04 「+」が消えている

Attention 段落スタイルパネルと文字スタイルパネルのデフォルト

注意　デフォルト設定の状態では、段落スタイルパネルには［基本段落］、文字スタイルパネルには［なし］というスタイルがあらかじめ用意されている。文字スタイルパネルの［なし］は、文字通り文字スタイルが適用されていないことを表すが、段落スタイルパネルの［基本段落］はスタイルが「無い」のではなく、［基本段落］という段落スタイルが適用されていることを表す。そのため、［基本段落］というスタイル名をダブルクリックして「段落スタイルの編集」ダイアログを表示させると、設定内容を変更して使用するといった使い方もできる。

ただし、他のドキュメントからテキストをペーストした際に書式が変わってしまうという現象も起こり得るので、どのような動作をするのかをきちんと把握してしていない人は、触らないほうがよい。

InDesignのデフォルトの動作では、プレーンテキストフレームを作成すると［基本段落］が適用され、フレームグリッドを作成すると段落スタイルは「なし」となる。

スタイルを再定義する

段落スタイルや文字スタイルを既に適用してあるテキストの書式を変更する必要がある場合でも、一からスタイルを作り直す必要はない。テキストの書式を変更して「スタイル再定義」を実行すれば、そのスタイルが適用されたテキストの書式を一気に修正することが可能だ。

スタイル再定義の方法

まず、書式を変更したテキストを文字ツールで選択する05-1。段落スタイルがオーバーライドになっているので、段落スタイルパネルのパネルメニューから"スタイル再定義"を選択する05-2。オーバーライドが解消されると共に、その段落スタイルが適用されたテキストの書式がすべて修正される05-3。なお、文字スタイルの場合も手順は同様だ。

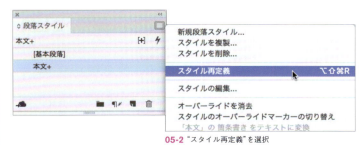

05-1 書式を変更したテキストを選択

05-2 "スタイル再定義"を選択

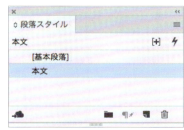

05-3 オーバーライドが解消された

基礎解説編

Technique 他のドキュメントからスタイルを読み込む

スタイルは、他のドキュメントから読み込むことが可能だ。段落スタイルパネル、あるいは文字スタイルパネルのパネルメニューから"すべてのテキストスタイルの読み込み…"を実行し、読み込むドキュメントを指定すればよい。「スタイルを読み込み」ダイアログが表示されるので、読み込みたいスタイルを指定すればOKだ。

オーバーライドの消去、スタイルとのリンクの切断、スタイルの削除

オーバーライドを消去する

先に解説したように、「選択したテキストの属性」と「そのスタイルの定義されている内容」とが異なる場合、オーバーライドとなる。意図してオーバーライドにした場合はよいが、そうでない場合には、オーバーライドを削除したいケースも実際には出てくる。InDesignには、さまざまなオーバーライド消去の方法が用意されているので、順に見ていこう。

まず、文字ツールでオーバーライド状態になっているテキストを選択し**06-1**、option〔Alt〕キーを押しながらパネル上のスタイル名をクリックする**06-2**。すると、選択していたテキストのオーバーライド状態が解消し、その段落スタイルの書式の内容に修正される**06-3**。もちろん、段落スタイルパネルのスタイル名からも「+」マークが消える**06-4**。なお、選択しているテキストのオーバーライドを消去する際に、文字スタイルも一緒に消去したい場合には、option〔Alt〕+shiftキーを押しながらスタイル名をクリックする。

段落のすべてのオーバーライドを消去するのではなく、選択しているテキストのみ、オーバーライドを消去したい場合には、段落スタイルパネルの[選択範囲のオーバーライドを消去]ボタンをクリックする**07**。このとき、command〔Ctrl〕キーを押しながらクリックすれば文字属性のオーバーライドのみ、command〔Ctrl〕+shiftキーを押しながらクリックすれば段落属性のオーバーライドのみが消去される。

なお、option〔Alt〕キーを押しながらスタイル名をクリックする場合、文字の異体字情報が削除され、親文字に戻るケースがあるので要注意。CC 2015以降であれば、[スタイルオーバーライドハイライター]ボタン(各パネルの[+]ボタン)をクリックして、どこがオーバーライド状態なのかを確認しながら作業しよう。

06-3 スタイル通りの内容に修正される

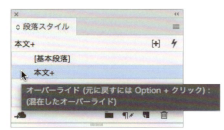

06-1 オーバーライド状態になっているテキストを選択する

06-2 option〔Alt〕キーを押しながらスタイル名をクリックする

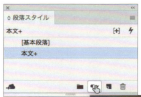

06-4「+」が消えた

07 [選択範囲のオーバーライドを消去]ボタンをクリック

スタイルとのリンクを切断する

書式はそのままにしつつ、現在適用している段落スタイルとのリンクを切断したい場合には、段落スタイルパネルのパネルメニューから"スタイルとのリンクを切断"を実行する**08**。

08 "スタイルとのリンクを切断"を選択

スタイルを削除する

要らなくなったスタイルを削除したい場合には、段落スタイルパネル、文字スタイルパネルで目的のスタイルを選択し、[選択したスタイル/グループを削除]ボタンをクリックすればよいが**09**、ドキュメントで使用されていないスタイルをすべて削除したい場合には、パネルメニューから"未使用をすべて選択"を実行すると**10-1**、未使用のスタイルがすべて選択されるので**10-2**、その状態で[選択したスタイル/グループを削除]ボタンをクリックする。「段落スタイルを削除」ダイアログが表示されるので[OK]ボタンをクリックする**10-3**。これで未使用の段落スタイルは削除完了だ**10-4**。

 文字スタイルのオーバーライドを消去したい場合には、option(Alt)キーを押しながらスタイル名をクリックする。なお、文字スタイルを削除して段落スタイルのみの状態にしたい場合には文字スタイルパネルの[なし]をクリックする。

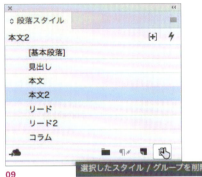

09

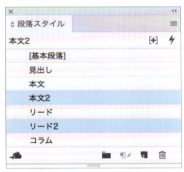

10-2 未使用のスタイルすべてが選択された

10-1 "未使用をすべて選択"を選択

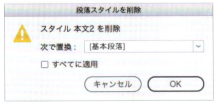

10-3

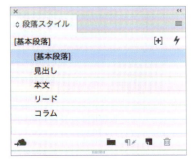

10-4 使用しているスタイルのみになった

親子関係を持つスタイルを作成する

　InDesignでは、親子関係を持つスタイルの作成も可能だ。例えば、コラムのテキストは本文よりも1級小さくしたいといったような場合、本文の段落スタイルを「親」、コラム用の段落スタイルを「子」として設定しておく。すると、本文とコラムテキストの両方のフォントを変更しなくてはならなくなったような場合でも、「親」の段落スタイルを再定義さえすれば、「子」の段落スタイルのフォントも自動的に修正されるといった具合だ。作成する手順は次の通りだ。

親子関係を持つスタイルの作成手順

　まず、本文用の段落スタイルを適用したテキストの書式を変更する（ここでは文字サイズを1級小さくした）**11-1**。段落スタイルパネルを見てみると、段落スタイルがオーバーライドになっているのが確認できる。そのまま、[新規スタイルを作成]ボタンをクリックする**11-2**。

　すると、「段落スタイル1」という名前で新規段落スタイルが作成される**11-3**。この時点ではこの段落スタイルと選択しているテキストは関連付けられていない（リンクされていない）ので、この段落スタイル名をダブルクリックして、「段落スタイルの編集」ダイアログを表示する。[基準]を見ると、「本文」の段落スタイルが指定されているのが分かる**11-4**。

　通常、[基準]は[段落スタイルなし]となっているのだが、いずれかの段落スタイルが適用されたテキストから別の段落スタイルを作成すると、元々適用されていた段落スタイルが[基準]に指定される。つまり、元々適用されていた段落スタイルが「親」として指定されたという訳だ。さらに[スタイル設定]欄を見てみると、本文用の段落スタイルを基準にして、文字サイズのみを変更する内容だというのが分かる。

　最後に[スタイル名]を入力して[OK]ボタンをクリックすれば、親子関係を持つ段落スタイルのでき上がりだ。試しに「親」の段落スタイルの書式を変更して[スタイル再定義]を実行してみると、「子」の段落スタイルの書式も変更されるのが確認できる**11-5**。

既に段落スタイルが適用されたテキストから新たに段落スタイルを作成すると、親子関係を持つスタイルが作成できる。わざと親子関係を持つ段落スタイルを作成した場合は問題ないが、そうでない場合には、「親」のスタイルの内容を変更することで「子」の段落スタイルの内容も変わってしまう。無用なトラブルを防ぐためにも、親子関係にしたくない場合には[段落スタイルの編集]ダイアログの[基準]が[段落スタイルなし]になっているかどうかを確認する癖をつけておくとよい。

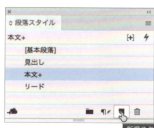

11-1 1級小さくした

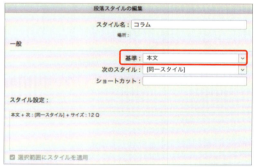

11-4 [基準：本文]となっている

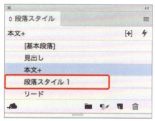

11-2 段落スタイル名が「本文+」となっている。[新規スタイルを作成]ボタンをクリック

11-3 「段落スタイル1」が新規に作成された

11-5 「子」の段落スタイルの書式が変更された

「次のスタイル」を設定する

段落スタイル内に[次のスタイル]を指定することで、テキストが改行されて段落が変わった際に自動的に適用される段落スタイルを変更することが可能だ。あらかじめ「A」、「B」、「C」という名前で段落スタイルが作成してあるドキュメントで手順を解説してみたい**12-1**。

まず[次のスタイル]を指定したい段落スタイル名をダブルクリックして「段落スタイルの編集」ダイアログを表示させる。ここでは段落スタイル「A」をダブルクリックした**12-2**。デフォルト設定では、[次のスタイル]は[同一スタイル]となっているので、ここを目的のスタイルに変更しよう。ここでは段落スタイル「B」を指定し**12-3**、[OK]ボタンをクリックした。同様の手順で段落スタイル「B」の[次のスタイル]に段落スタイル「C」を指定した**12-4**。

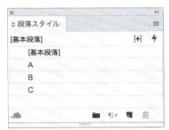

12-1 段落スタイル「A」、「B」、「C」があるドキュメント

12-3 [次のスタイル：B]とした

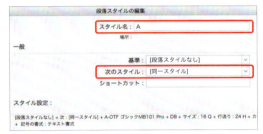

12-2 「A」をダブルクリックして表示させたダイアログ

12-4 「B」では[次のスタイル：C]とした

「次のスタイル」を設定した段落スタイルを適用しておくと

では、テキストフレームにテキストを入力してみよう。まず、段落スタイル「A」を適用した状態でテキストを入力したいので、段落スタイルパネルで「A」を選択しておく**13-1**。文字ツールでテキストフレーム内にカーソルを置き、テキストを入力する。当然、段落スタイル「A」が適用された状態でテキストが入力される**13-2**。

さらに改行して続けてテキストを入力してみよう。すると、自動的に段落スタイル「B」が適用された状態でテキストが入力されるはずだ**13-3**。さらに改行してテキストを入力すると、段落スタイル「C」が適用された状態でテキストが入力される**13-4**。つまり、段落スタイル「A」の[次のスタイル]に「B」、段落スタイル「B」の[次のスタイル]に「C」を設定したことで、段落が変わると自動的に段落スタイルも切り替わるという訳だ。

13-1 まず「A」を選択

美しい文字組み

13-2 「A」のスタイルが適用された状態で文字が入力された

美しい文字組み
InDesign のスタイル機能

13-3 図の「InDesign のスタイル機能」が「B」

美しい文字組み
InDesign のスタイル機能
InDesign を使いこなすうえで最も重要といっても過言ではないのがスタイル機能だ。

13-4 図の「InDesign を使いこなすうえで～」が「C」

「次のスタイル」を設定した段落スタイルを一気に適用する

[次のスタイル]はテキストを入力するときにだけ便利な機能ではない。例えば、まだ書式を設定していないテキストがあったとしよう。ここでは、文字ツールで3つの段落があるテキストをすべて選択した**14-1**。次に段落スタイルパネルの段落スタイル「A」の上で右クリックして、"A(段落スタイル名)"を適用して次のスタイルへ"を選択する**14-2**。すると、選択していたテキストに対して段落スタイルが適用されるが、一度の操作で3つの段落スタイルが適用されたはずだ**14-3**。このように、あらかじめ[次のスタイル]を設定しておくことで、複数の段落に対して、異なる段落スタイルを適用するといったことも可能だ。

[次のスタイル]を利用して複数の段落スタイルを適用する場合、A→B→Cというように段落が変わるごとに適用するスタイルをトグルさせるようなケースでは非常に有効な機能。しかし、A→B→B→Cといったような形で段落スタイルを割り当てていきたいようなケースでは使用できない。ただし、A→B→C→Cといったケースでは使用可能。

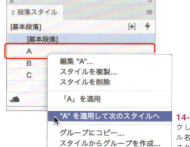

14-1

14-2「A」を右クリックして"A(段落スタイル名)"を適用して次のスタイルへ"を選択

14-3 3つの段落スタイルが適用された

先頭文字スタイルを設定する

「先頭文字スタイル」とは、段落の先頭から任意の文字までに対し、自動で文字スタイルを適用してくれる機能のことだ。例えば、対談のテキストなどで段落行頭の名前部分のみ書式を変えたい場合に、先頭文字スタイルを使えば、自動的に名前部分に文字スタイルを適用することができる。先頭文字スタイルは段落スタイル内に設定することができるので、ここでは**15-1**のようなテキストを使用して、その手順を解説していこう。

まず、先頭文字スタイルとして使用するための文字スタイルを作成しておく。ここでは、「名前」と「会社名」の2つを作成した**15-2**。

次にテキストに適用している段落スタイル名をダブルクリックする**15-3**。「段落スタイルの編集」ダイアログが表示されたら、左側のリストから[ドロップキャップと先頭文字スタイル]を選択する**15-4**。[先頭文字スタイル]欄の[新規スタイル]ボタンをクリックすると、新しく先頭文字スタイルが指定可能になる**15-5**。

ここでまず、一番左側のプルダウンメニューから使用したい文字スタイルを選択し、続けて「文字」と表示されているフィールドに、区切り文字を入力する。ここでは「(」を入力した。なお、このフィールドには、段落行頭からどの文字までに対して先頭文字スタイルを適用するのかを指定する。そして、最後に一番右側で[を含む]ま

15-1 このテキストには、段落スタイル「本文」が既に適用されている

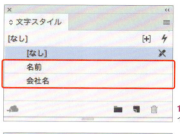

15-2 2種の文字スタイルを準備した

15-3 段落スタイル「本文」をダブルクリック

たは[で区切る]のいずれかを選択する。[を含む]を選択すると区切り文字にも文字スタイルが適用され、[で区切る]を選択すると区切り文字には文字スタイルは適用されない**15-6**。

では、先頭文字スタイルをもう1つ指定してみよう。[新規スタイル]ボタンをクリックし、ここでは図のように設定した**15-7**。なお、[プレビュー]にチェックを入れておくと、どのように適用されるかを確認しながら作業できる。[OK]ボタンをクリックすれば、テキストに適用される**15-8**。

ここで、適用されたテキストに追加や修正をしてみよう。後から編集したテキストに対しても自動的に文字スタイルが適用されるはずだ。このように、先頭文字スタイルを使用することで、大幅に作業を効率化できる。

「文字」フィールドには、直接テキストを入力する以外にも、プルダウンメニューから任意の項目を選択することもできる。[数字]や[タブ]など、選択した項目を区切り文字として使用可能だ**16**。また、段落行頭からの文字数で、文字スタイルを適用することもできる。

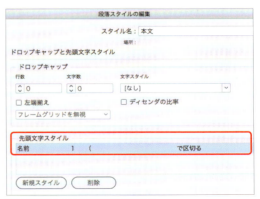

15-6 文字スタイルと区切り文字を指定した

15-7 もう1セット設定した

15-8 先頭のテキストに2種の文字スタイルが適用された

15-4 [ドロップキャップと先頭文字スタイル]を選択

15-5 [先頭文字スタイル]欄の[新規スタイル]ボタンをクリックする

16 プルダウンメニューからの選択も可能

段落スタイルと文字スタイルを使いこなす

先頭文字スタイルの応用

先頭文字スタイルは、段落行頭から区切り文字までに対して文字スタイルを適用する機能だが、段落内の鍵括弧で囲まれた文字列に対して文字スタイルを適用するなんて使い方も可能だ。例えば**17-1**のような、テキストの鍵括弧で囲まれた文字列に対して先頭文字スタイルを適用してみよう。なお、このテキストには「本文2」という名前の段落スタイルが既に適用してある**17-2**。

まず、適用する文字スタイルを作成しておく。ここでは「太字」という名前で文字スタイルを作成した**17-3**。次に段落スタイル「本文2」をダブルクリックして「段落スタイルの編集」ダイアログを表示させる。左側のリストから[ドロップキャップと先頭文字スタイル]を選択し、[先頭文字スタイル]欄の[新規スタイル]ボタンをクリックする。「文字」フィールドには始め鍵括弧を入力し、文字スタイルにはプルダウンメニューから[なし]を指定する**17-4**。これにより、段落行頭から始め鍵括弧手前までには文字スタイルが適用されないという訳だ。

さらに[新規スタイル]ボタンをもう一度クリックして、**17-5**のように設定する。これで、終わり鍵括弧までに対して「太字」という文字スタイルが適用されることになる。[プレビュー]にチェックを入れて確認してみると、段落の1つ目の鍵括弧部分には文字スタイルが適用されているが、他の鍵括弧部分には適用されていない**17-6**。

そこで、もう一度[新規スタイル]ボタンをクリックして、文字スタイルに[繰り返し]を選択する**17-7**。つまり、鍵括弧部分への文字スタイルの適用が繰り返されるという訳だ。[OK]ボタンをクリックすれば、テキストに対して指定した先頭文字スタイルが反映される**17-8**。

 先頭文字スタイルは複数指定できるが、その場合、上位に設定したものが優先的にテキストに反映される。なお、[先頭文字スタイル]欄の右下にある▲▼ボタンをクリックすることで、先頭文字スタイルの適用される順番を変更することができる。

> スタイル機能には、「段落スタイル」と「文字スタイル」をはじめ、「先頭文字スタイル」や「正規表現スタイル」「オブジェクトスタイル」など、さまざまな機能が用意されている。

17-1

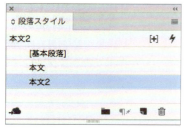

17-2 17-1には段落スタイル「本文2」が適用されている

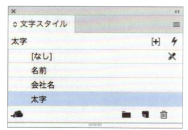

17-3 文字スタイル「太字」も用意した

17-4「文字」フィールドに始め鍵括弧を入力、文字スタイルは[なし]

17-5 文字スタイル「太字」を適用

> スタイル機能には、「段落スタイル」と「文字スタイル」をはじめ、「先頭文字スタイル」や「正規表現スタイル」「オブジェクトスタイル」など、さまざまな機能が用意されている。

17-6 1つ目の鍵括弧部分に文字スタイルが適用された

スタイル機能には、「段落スタイル」と「文字スタイル」をはじめ、「先頭文字スタイル」や「正規表現スタイル」「オブジェクトスタイル」など、さまざまな機能が用意されている。

17-8 すべての鍵括弧部分に適用された

17-7 文字スタイルに［繰り返し］を選択

正規表現スタイルを設定する

　正規表現にマッチする文字列に、文字スタイルを適用する機能が「正規表現スタイル」だ。例えば、丸括弧で囲まれた文字列に文字サイズを小さくする文字スタイルを適用したり、ひらがなやカタカナだけを文字詰めしたりといった処理を行うことができる。ここでは、**18-1**のようなテキストの丸括弧で囲まれた文字列をヒットさせ、文字スタイルを適用してみよう。

正規表現を使用すると、通常の文字だけではなく、文字のパターン（特徴）を指定することができる。通常の文字とメタキャラクター（メタ文字）と呼ばれる特別な意味を持つ記号を組み合わせて表記し、検索や置換などに利用できる。表記の揺れを吸収して検索したり、複数の異なる文字列を一括して置換することができるので、さまざまなケースで利用可能だ。正規表現を勉強して使いこなすとかなり便利だが、正規表現が分からない方でも、InDesignのポップアップメニューから選択するだけでいろいろなことができるので、ぜひ使ってみてほしい。

正規表現スタイルの設定手順

　まず、適用する文字スタイルを作成しておく。ここでは「太字」という名前で文字スタイルを作成した**18-2**。テキストに適用している段落スタイル名をダブルクリックする**18-3**。「段落スタイルの編集」ダイアログが表示されるので、左側のリストから［正規表現スタイル］を選択し、［新規正規表現スタイル］ボタンをクリックする**18-4**。

　新しく正規表現スタイルが指定可能になるので、まず［スタイルを適用］に適用する文字スタイルを指定する**18-5**。次に［テキスト］フィールドにカーソルを置き、直接丸括弧()を入力する**18-6**。さらに丸括弧の間にカーソルを置き、右側のポップアップメニューから"ワイルドカード"→"文字"を選択する**18-7**。続けて、"繰り返し"→"1回以上（最小一致）"を選択する**18-8**。すると、［テキスト］フィールドには(.+?)と入力されているはずだ**18-9**。これは、丸括弧の中に何文字かの文字が存在する文字列を表している。［OK］ボタンをクリックすれば、テキストに対して正規表現スタイルが適用される**18-10**。もちろん、テキストを追加・修正した場合でも自動的に反映される。

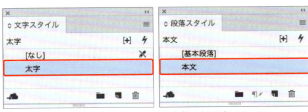

18-1 このテキストに設定していく

18-2 文字スタイル「太字」を準備した　　**18-3** 「本文」をダブルクリック

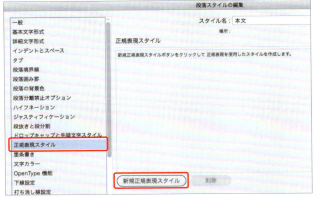

18-4 ［正規表現スタイル］を選択して［新規正規表現スタイル］ボタンをクリック

基礎解説編

18-5 ［スタイルを適用：太字］

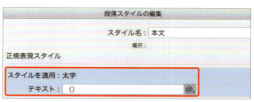

18-6 ()を入力

18-7 ポップアップメニューから"ワイルドカード"→"文字"を選択

18-8 続けて"繰り返し"→"1回以上（最小一致）"を選択

18-9 (.+?)と入力された

> スタイル機能には、（段落スタイル）と（文字スタイル）をはじめ、（先頭文字スタイル）や（正規表現スタイル）（オブジェクトスタイル）など、さまざまな機能が用意されている。

18-10 正規表現スタイルが適用された

基礎解説編
文字と組版

16 オブジェクトスタイルとグリッドフォーマット

オブジェクトスタイルは、線や塗り、効果といった属性をコントロールするだけでなく、段落スタイルを指定することも可能。うまく使えばかなり高度なオブジェクトの運用が可能となる。

オブジェクトスタイルを設定する

　オブジェクトの「塗り」や線の「カラー」、「太さ」、「効果」といった属性をスタイルとして登録し、運用する機能が「オブジェクトスタイル」だ。段落スタイルのオブジェクト版だと思うと分かりやすい。

オブジェクトスタイルを設定

　まず、オブジェクトスタイルとして登録したいオブジェクトを選択し01-1、オブジェクトスタイルパネルの[新規スタイルを作成]ボタンをクリックする01-2。

　選択していたオブジェクトの属性が反映されたオブジェクトスタイルが作成されるが、この時点ではこのオブジェクトスタイルと選択しているオブジェクトは関連付けられていない（リンクされていない）ので、このオブジェクトスタイル名をダブルクリックする01-3。すると、「オブジェクトスタイルオプション」ダイアログが表示されるので、[スタイル名]を入力して[OK]ボタンをクリックする01-4。するとスタイル名が反映された状態で「オブジェクトスタイル」パネルに戻る01-5。後は、このオブジェクトスタイル名をクリックすれば、同じ属性を適用していくことができる。なお、オブジェクトスタイルの内容を変更したい場合には、修正したオブジェクトを選択し、オブジェクトスタイルパネルのパネルメニューから"スタイル再定義"を実行すればOKだ02。

01-1 このオブジェクトを登録してみる

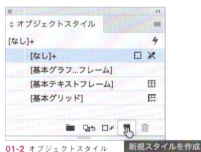
01-2 オブジェクトスタイルパネルの[新規スタイルを作成]ボタンをクリック

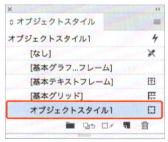
01-3 新規に作成された「オブジェクトスタイル1」をダブルクリック

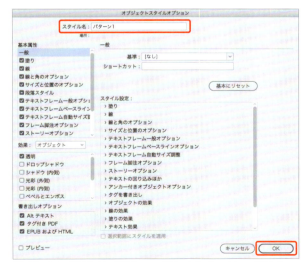
01-4 [スタイル名]を入力して[OK]。ここでは[スタイル名：パターン1]とした

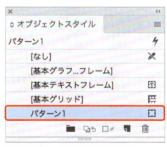
01-5 オブジェクトスタイルパネルに「パターン1」が反映された

オブジェクトスタイルとグリッドフォーマット　16　089

基礎解説編

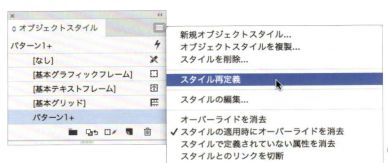

02 パネルメニューから"スタイル再定義"を実行

オブジェクトスタイルに段落スタイルを設定する

オブジェクトスタイルはテキストフレームに対しても適用できる。例えば、**03-1**のようなテキストフレームに対し、オブジェクトスタイルを適用するとこのようになる**03-2**。線や塗り、効果といった属性はきちんと反映されるが、テキストはそのままだ。また、オブジェクトスタイルに段落スタイルを設定することも可能だ。

03-1

03-2 オブジェクトスタイルを適用した例

オブジェクトスタイルに段落スタイルを設定する手順

まず、オブジェクトスタイル名をダブルクリックして「オブジェクトスタイルオプション」ダイアログを表示させる**04-1**。左上の[基本属性]には[段落スタイル]という項目が用意されているが、デフォルト設定ではオフになっている。そこで、[段落スタイル]にチェックを入れ、[段落スタイル]にあらかじめ作成しておいた段落スタイルを指定する**04-2**。

[OK]ボタンをクリックすると、テキストに対して段落スタイルが適用されるのが分かる**04-3**。つまり、オブジェクトスタイル内に段落スタイルを指定しておけば、段落スタイルにプラスして、線や塗り、効果といったオブジェクトの属性もコントロールできるという訳だ。

04-1 「オブジェクトスタイルオプション」ダイアログ

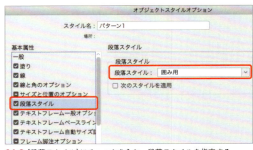

04-2 [段落スタイル]にチェックを入れ、段落スタイルを指定する

04-3 同時に段落スタイルも適用された

［次のスタイルを適用］を利用してもっと便利に

では、今度は「パターン2」というオブジェクトスタイルをダブルクリックして、「オブジェクトスタイルオプション」ダイアログの設定を見てみよう**05-1**。［段落スタイル］にチェックが入っており、段落スタイル「A」が設定されている。さらに、［次のスタイルを適用］にもチェックが入っているのが分かる**05-2**。このオブジェクトスタイルをテキストフレームに対して適用すると、このようになる**05-3**。オブジェクトスタイル内に指定できる段落スタイルは1つのみだが、その段落スタイル内に［次のスタイル］を指定してあったことで**05-4**、オブジェクトの属性だけでなく、複数の段落スタイルも適用できた。オブジェクトスタイルをワンクリックするだけで、ここまでできたらかなり便利。ぜひ、活用してほしい。

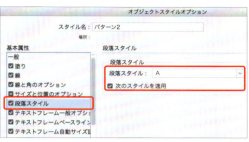

05-2 段落スタイル「A」が設定されている状態

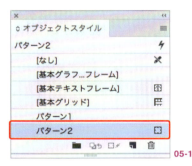

05-1

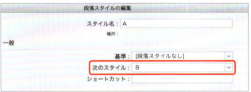

05-4 「A」の設定で、［次のスタイル：B］としている

05-3 複数の段落スタイルも適用された

オブジェクトスタイルにサイズと位置を設定する

CC 2018より、オブジェクトスタイルに［サイズと位置のオプション］が追加された。デフォルト設定では、［サイズ］と［位置］の［調整］が［なし］になっているが、目的のオブジェクトスタイルをダブルクリックして［オブジェクトスタイルオプション］ダイアログを表示させ、手動で変更することで、オブジェクトスタイルにサイズと位置の情報を持たせることができる**06**。

このオプションを設定したオブジェクトスタイルを適用すると、オブジェクトのサイズと位置が強制的に設定したサイズと位置に変更されるため、各ページの同じ位置に同じサイズでオブジェクトを使用したいようなケースで重宝する機能だ。

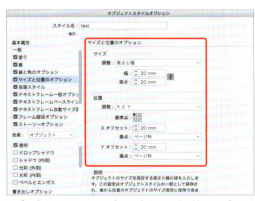

06 ［オブジェクトスタイルオプション］ダイアログに追加された［サイズと位置のオプション］

基礎解説編

グリッドフォーマットを設定する

　スタイルという名前こそ付いていないが、フレームグリッドのスタイル機能といえるのが「グリッドフォーマット」だ。

　グリッドツールを使って作成するフレームグリッドでは、フォントやフォントサイズを変えたい場合、オブジェクトメニューから"フレームグリッド設定..."を選択し、表示されるダイアログで書式属性を変更する必要がある**07**。しかし、そのつど「フレームグリッド設定」ダイアログを表示していては面倒だ。そこで、よく使用するフレームグリッドの書式属性をグリッドフォーマットとして登録しておくと便利。

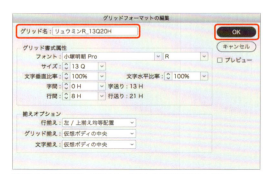

07「フレームグリッド設定」ダイアログ

グリッドフォーマットの登録手順

　書式属性を設定したフレームグリッドを選択した状態で、グリッドフォーマットパネルの［新規グリッドフォーマット］ボタンをクリックする**08-1**。すると、選択していたフレームグリッドの［フレームグリッド設定］が反映されたグリッドフォーマットが作成されるが、この時点ではこのグリッドフォーマットと選択しているフレームグリッドは関連付けられていない（リンクされていない）

ので、このスタイル名をダブルクリックする**08-2**。

　すると、「グリッドフォーマットの編集」ダイアログが表示されるので、［グリッド名］を入力して［OK］ボタンをクリックする**08-3**。グリッド名が反映された状態でグリッドフォーマットパネルに戻る**08-4**。後は、このグリッド名をクリックすれば、同じフレームグリッド設定を適用していくことができる。

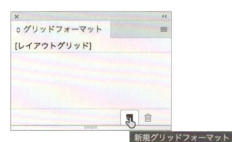

08-1［新規グリッドフォーマット］ボタンをクリック

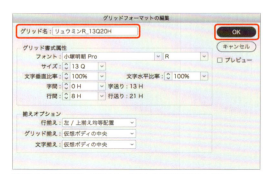

08-3 ここでは［グリッド名：リュウミンR_13Q20H］としている

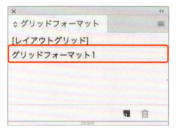

08-2 新規作成された「グリッドフォーマット1」をダブルクリック

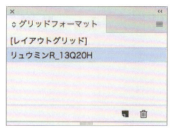

08-4 グリッド名が反映された

17 表の作成

基礎解説編
文字と組版

InDesignには高度な表作成機能も用意されている。縦組みと横組みの混在はもちろん、セルの結合やテキストフレームをまたいで表を作成することもできる。Excelの表の読み込みも可能だ。

表を作成する

InDesignの表は、テキストフレーム内に作成する。専用の表ツールがある訳ではなく、基本的に文字ツールを使って表に関する操作を行う。表の作成は、先に表を作成してテキストを入力する方法と、タブ区切りなどのテキストを表に変換する方法とがある。

先に表を作成する方法

先に表を作成してテキストを入力したい場合は、まず文字ツールでテキストフレーム内にカーソルを置き、表メニューから"表を挿入..."を実行する**01-1**。「表を挿入」ダイアログが表示されるので、[本文行]や[列]など、作成したい表に関する指定を行い、[OK]ボタンをクリックする**01-2**。すると、指定した内容で表が作成される**01-3**。後は、各セルにテキストを入力すればよい。

01-1 表メニュー→"表を挿入..."

01-2 「表を挿入」ダイアログで行数や列数を指定する

01-3 表が作成された。これにテキストを入力していく

テキストを表に変換する方法

タブ区切りなどのテキストを表に変換したい場合には、まず文字ツールでタブ区切りのテキストを選択する**02-1**。次に、表メニューから"テキストを表に変換..."を実行する**02-2**。「テキストを表に変換」ダイアログが表示されるので、各項目を設定する**02-3**。なお、[列分解]や[行分解]には、[タブ]や[コンマ]、[段落]を指定可能だ。[OK]ボタンをクリックすると、選択していたテキストが表に変換される**02-4**。

表は、フレームグリッド内に作成することも可能だが、[グリッド揃え]の影響を受けてしまうため、プレーンテキストフレーム内に作成するのがお勧めだ。なお、表は独立したテキストフレーム内に作成しなければならないというわけではなく、テキスト内の任意の場所に挿入することも可能。

02-1 表にしたいテキストを選択

02-2 表メニュー→"テキストを表に変換..."

02-3 「テキストを表に変換」ダイアログ

札幌#	14.9℃#	26.5℃#
仙台#	19.2℃#	25.2℃#
東京#	21.4℃#	25.7℃#
名古屋#	22.6℃#	28.6℃#
大阪#	22.6℃#	29.1℃#
福岡#	21.5℃#	28.1℃#

02-4 テキストが表に変換された

Excelの表を読み込む

Excelのデータは、そのままInDesignの表として読み込みが可能だ。InDesignのテキストフレーム上にExcelのデータをドラッグしても読み込みできるが、InDesignの「配置」コマンドを使って読み込めば、どのように読み込むかの詳細な設定も可能。

Excelデータの読み込み手順

ここでは、03-1のようなExcelファイルを読み込んでみたい。まず、文字ツールでテキストフレーム内にカーソルを置き、ファイルメニューから"配置..."を実行する03-2。「配置」ダイアログが表示されるので、目的のExcelファイルを選択し、[読み込みオプションを表示]にチェックを入れ、[開く]ボタンをクリックする03-3。

なお、[読み込みオプションを表示]にチェックを入れずに読み込んだ場合には、前回、同じ形式のファイルを読み込んだときと同じ設定で読み込まれる。

次に「Microsoft Excel読み込みオプション」ダイアログが表示されるので、読み込む[シート]や[セル範囲]を指定する03-4。なお、[テーブル]では、どのようなフォーマットで読み込むのかを指定できるが、とくに理由がなければ[アンフォーマットテーブル]を選択して読み込めばよい。

[OK]ボタンをクリックすると、InDesignの表として読み込まれる03-5。ただし、Excelとまったく同じ状態で読み込める保証はないので注意したい。後は表の体裁を整えればよい。

03-1 このxlsxファイルを読み込んでみる

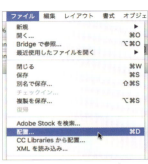

03-2 ファイルメニュー→"配置..."

03-3 [読み込みオプションを表示]にチェックを入れておく

03-4 ここで[シート]や[セル範囲]を指定

	最低気温	最高気温
札幌	14.9℃	26.5℃
仙台	19.2℃	25.2℃
東京	21.4℃	25.7℃
名古屋	22.6℃	28.6℃
大阪	22.6℃	29.1℃
福岡	21.5℃	28.1℃

03-5 InDesignの表として読み込まれた

Memo 「Microsoft Excel読み込みオプション」の[テーブル]

「Microsoft Excel読み込みオプション」ダイアログの[テーブル]に[フォーマットテーブル]を選択すると、できるだけExcel上で設定したフォーマットを保持して読み込み、[アンフォーマットテーブル]を選択すると、Excel上のフォーマットを破棄して読み込む。また、[アンフォーマットタブ付きテキスト]を選択した場合には、タブ区切りのテキストとして読み込む。

基 礎 解 説 編
文 字 と 組 版

18 表のコントロール

InDesignでは、表メニューと表パネルを使用して、表の見映えをコントロールしていく。セルのサイズのコントロールをはじめ、セル内の余白やヘッダー・フッター、境界線のコントロールも思いのままだ。

┃ セルの選択とテキストの選択

表を選択する場合、セル内のテキストを選択する場合と、セル自体を選択する場合とがある。どちらも、文字ツールを選択して、マウスでドラッグすれば選択できるが、意外と選択しづらかったりする。そんなときには、escキーを使用すると便利だ。

セル内にカーソルを置き**01-1**、escキーを押すとセルが選択され**01-2**、もう一度escキーを押すとテキストが選択される**01-3**。

このようにescキーを使用すれば、素早くセルとテキストの選択を切り替えられる。なお、tabキーを押すと次のセルに移動し**02-1**、shift＋tabキーを押すと前のセルに移動できる**02-2**。また、矢印キーを押せば、その方向のセルに移動することができ、shift＋矢印キーを押せば、その方向のセルを追加して選択できる。この辺りの動きはExcelと似ている。

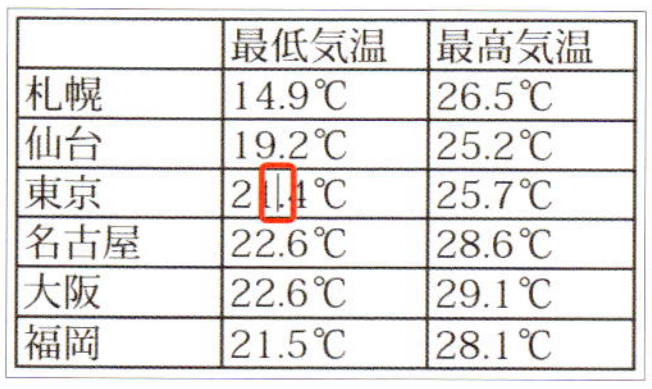

	最低気温	最高気温
札幌	14.9℃	26.5℃
仙台	19.2℃	25.2℃
東京	21.4℃	25.7℃
名古屋	22.6℃	28.6℃
大阪	22.6℃	29.1℃
福岡	21.5℃	28.1℃

01-1 セル内にカーソルを置く

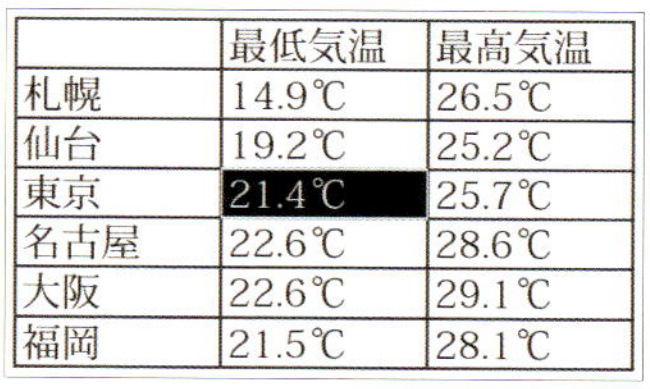

	最低気温	最高気温
札幌	14.9℃	26.5℃
仙台	19.2℃	25.2℃
東京	21.4℃	25.7℃
名古屋	22.6℃	28.6℃
大阪	22.6℃	29.1℃
福岡	21.5℃	28.1℃

01-2 escキーを押すとセルが選択される

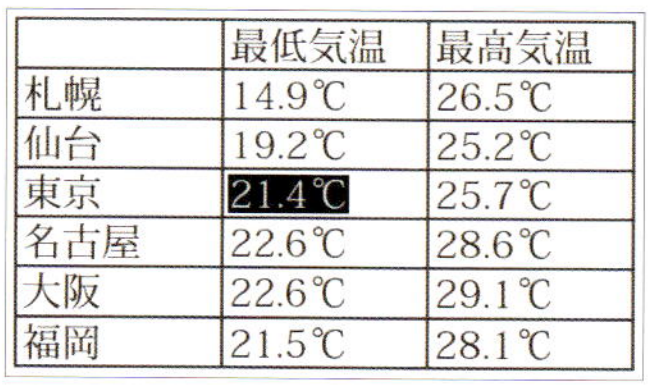

	最低気温	最高気温
札幌	14.9℃	26.5℃
仙台	19.2℃	25.2℃
東京	21.4℃	25.7℃
名古屋	22.6℃	28.6℃
大阪	22.6℃	29.1℃
福岡	21.5℃	28.1℃

01-3 もう一度escキーを押すとテキストが選択される

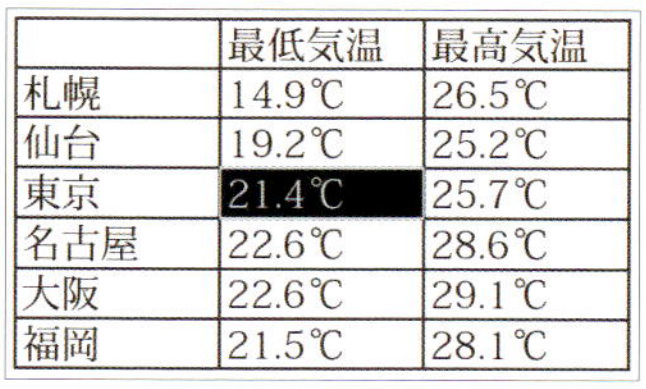

	最低気温	最高気温
札幌	14.9℃	26.5℃
仙台	19.2℃	25.2℃
東京	21.4℃	25.7℃
名古屋	22.6℃	28.6℃
大阪	22.6℃	29.1℃
福岡	21.5℃	28.1℃

02-1 tabキーで右のセルに移動

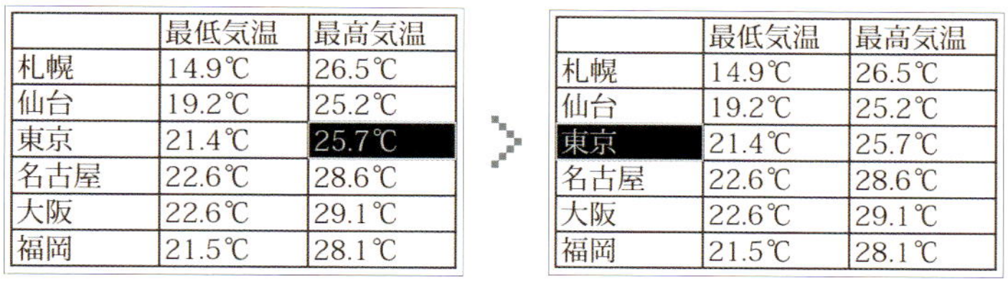

	最低気温	最高気温
札幌	14.9℃	26.5℃
仙台	19.2℃	25.2℃
東京	21.4℃	25.7℃
名古屋	22.6℃	28.6℃
大阪	22.6℃	29.1℃
福岡	21.5℃	28.1℃

02-2 shift＋tabキーで左のセルに移動

	最低気温	最高気温
札幌	14.9℃	26.5℃
仙台	19.2℃	25.2℃
東京	21.4℃	25.7℃
名古屋	22.6℃	28.6℃
大阪	22.6℃	29.1℃
福岡	21.5℃	28.1℃

┃ 行や列の選択

複数のセルを選択する場合は、マウスでドラッグすればよい。しかし、素早く行や列を選択したい場合には、マウスを表の端に持っていくのがお勧め。例えば、横組みの表の場合、マウスポインターを表の左端に持っていくとマウスポインターの表示が図のように変わる**03-1**。このままクリックすれば、その行を選択できる**03-2**。なお、クリックではなく、ドラッグすれば、ドラッグした範囲の行を選択することも可能だ。

また、マウスポインターを表の上端に持っていくとマウスポインターの表示が図のように変わり、クリックするとその列を選択できる**04-1**。さらに、マウスポインターを表の左上端に持っていくとマウスポインターの表示が図のように変わり、クリックすると表全体を選択できる**04-2**。

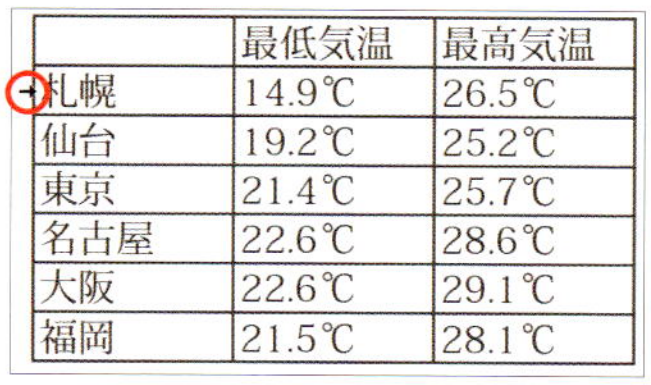

	最低気温	最高気温
札幌	14.9℃	26.5℃
仙台	19.2℃	25.2℃
東京	21.4℃	25.7℃
名古屋	22.6℃	28.6℃
大阪	22.6℃	29.1℃
福岡	21.5℃	28.1℃

03-1 マウスポインタを表の左端に置いた状態

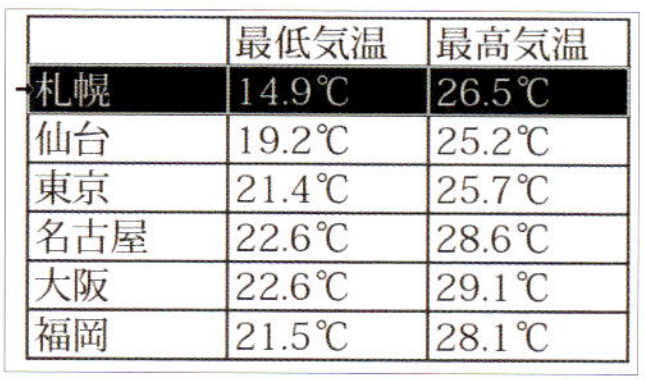

	最低気温	最高気温
札幌	14.9℃	26.5℃
仙台	19.2℃	25.2℃
東京	21.4℃	25.7℃
名古屋	22.6℃	28.6℃
大阪	22.6℃	29.1℃
福岡	21.5℃	28.1℃

03-2 クリックするとその行を選択できる

| 基礎解説編 |

04-1 表の上端でクリックするとその列を選択できる

04-2 表の左上端でクリックすると表全体を選択できる

表のサイズをコントロールする

　表のセルの境界線をドラッグすれば、マウス操作でセルのサイズを変更可能だ**05-1**。この場合、表全体のサイズも変わってしまうが、shiftキーを押しながら境界線をドラッグすると、表全体のサイズを変えずに境界線の位置を変更できる**05-2**。

　数値を指定して各セルのサイズをコントロールしたい場合には、表パネルを使用する。目的のセルを選択し、[行の高さ]と[列の幅]に数値を入力すればよい。ただし、デフォルト設定では[行の高さ]に[最小限度]が指定されており**06**、セル内のテキスト量に応じて行の高さは変動する。[行の高さ]に[指定値を使用]を選択して、数値を入力すれば指定した値で行の高さは固定される**07**。なお、表パネルの各項目は、それぞれ**08**のような設定内容となる。

> [行の高さ]に[最小限度]が指定されている場合、[フォントサイズ]+[上部セルのサイズ]+[下部セルのサイズ]で行の高さが決まる。そのため、テキスト量に応じて行の高さを可変させたい場合には、[行の高さ]を[最小限度]にしておく。

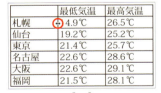

05-1 境界線をドラッグしてセルのサイズを変更する

05-2 shift＋ドラッグだと、表全体のサイズを変更することなく境界線の位置を変更できる

06 デフォルト設定では[行の高さ：最小限度]となっている

07 [指定値を使用]を選択して数値を入力

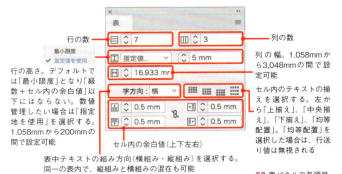

08 表パネルの各項目

CHAPTER 03　文字と組版

行や列を追加・削除する

　表の行や列は、表パネルで[行数]や[列数]を変更することで追加・削除できるが、削除する場合には続行するかどうかを確認するアラートが表示される**09**。

　また、表メニューからも追加や削除は可能。追加する場合、文字ツールで任意の行や列を選択し**10-1**、表メニューから"挿入"→"行..."または"列..."を実行すると**10-2**、「行を挿入」または「列を挿入」ダイアログが表示され、どのように行や列を追加するかを指定できる**10-3**。[OK]ボタンをクリックすれば、指定した場所に行や列が追加される**10-4**。

　削除したい場合には、目的の行や列を選択して**11-1**、表メニューから"削除"→"行"または"列"を実行すればOKだ**11-2**。

10-3 「行を挿入」または「列を挿入」ダイアログで指定する

	最低気温	最高気温
札幌	14.9℃	26.5℃
仙台	19.2℃	25.2℃
東京	21.4℃	25.7℃
名古屋	22.6℃	28.6℃
大阪	22.6℃	29.1℃
福岡	21.5℃	28.1℃

10-4 行が追加された

	最低気温	最高気温
札幌	14.9℃	26.5℃
仙台	19.2℃	25.2℃
東京	21.4℃	25.7℃
名古屋	22.6℃	28.6℃
大阪	22.6℃	29.1℃
福岡	21.5℃	28.1℃

11-1 削除したい行を選択

09

10-1 行や列を選択

10-2 表メニュー→"挿入"→"行..."または"列..."

	最低気温	最高気温
札幌	14.9℃	26.5℃
仙台	19.2℃	25.2℃
東京	21.4℃	25.7℃
名古屋	22.6℃	28.6℃
大阪	22.6℃	29.1℃
福岡	21.5℃	28.1℃

11-2 行が削除された

セルの結合・分割

セルは、結合したり、分割することも可能だ。

セルを結合したい場合には、目的のセルを選択し**12-1**、表メニューから"セルの結合"を実行すればよい**12-2**。ただし、それぞれのセルにテキストが入力されている場合には、テキストは改行されて結合される**12-3**。セルを元に戻したい場合には、表メニューから"セルを結合しない"を実行する。

セルを分割したい場合には、目的のセルにカーソルを置き**13-1**、表メニューから"セルを横に分割"または"セルを縦に分割"を実行する**13-2**。これにより、セルが横または縦に分割される**13-3**。

12-1 目的のセルを選択

12-2 表メニュー→"セルの結合"

12-3 テキストが改行されて結合される

セル内のテキストがあふれている場合

セル内にテキストが収まりきらず、あふれている場合には、セル内に赤い丸が表示される。その場合、セルの幅を広げるか、あるいは編集メニューから"ストーリーエディターで編集"を実行することで、あふれたテキストを編集可能**14**。

13-1 目的のセルにカーソルを置く

13-2 表メニュー→"セルを横に分割"

13-3 セルが横に分割された

14 編集メニュー→"ストーリーエディターで編集"

罫線を設定する

縦罫、横罫の設定

表の罫線の設定は線パネル、あるいはコントロールパネルから実行する。文字ツールでセルを選択すると**15-1**、線パネルの表示が変わるのが分かる**15-2**。パネル下部に表示されている線が、表の罫線を表しており、選択しているセルの状態によって表示が変わる。なお、青く表示されている状態が選択されていることを意味し、目的の線を選択して［線幅］や［種類］を指定すれば、選択した線に対して適用される。ここでは、表の外側の罫線を「0.25mm」**15-3**、内側の罫線を「0.1mm」に設定した**15-4**。すると、表は図のようになる**15-5**。

	最低気温	最高気温
札幌	14.9℃	26.5℃
仙台	19.2℃	25.2℃
東京	21.4℃	25.7℃
名古屋	22.6℃	28.6℃
大阪	22.6℃	29.1℃
福岡	21.5℃	28.1℃

15-1 罫線を変えたいセルを選択する

15-2 線パネルの表示

15-3 外側の罫線を設定

15-4 内側の罫線を設定

	最低気温	最高気温
札幌	14.9℃	26.5℃
仙台	19.2℃	25.2℃
東京	21.4℃	25.7℃
名古屋	22.6℃	28.6℃
大阪	22.6℃	29.1℃
福岡	21.5℃	28.1℃

15-5 罫線の設定が適用された

> 線パネル、あるいはコントロールパネルで外側の線上をダブルクリックすると、外側の境界線の選択／非選択を切り替えられ、内側の線上をダブルクリックすると、内側の境界線の選択／非選択を切り替えられる。また、いずれかの線上をトリプルクリックすると、すべての境界線の選択／非選択を切り替えられる。

斜線の設定

次は、斜線を設定してみよう。斜線を設定したいセル内にカーソルを置き**16-1**、表メニューから"セルの属性"→"斜線の設定..."を選択する**16-2**。すると、「セルの属性」ダイアログが表示されるので、目的の斜線をアイコンの中から選択し、［線幅］などを指定する**16-3**。［OK］ボタンをクリックすれば、斜線が適用される**16-4**。

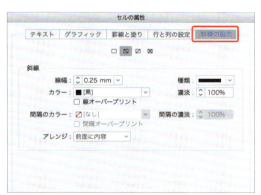

16-3 斜線を設定

	最低気温	最高気温
札幌	14.9℃	26.5℃
仙台	19.2℃	25.2℃
東京	21.4℃	25.7℃
名古屋	22.6℃	28.6℃
大阪	22.6℃	29.1℃
福岡	21.5℃	28.1℃

16-1 セル内にカーソルを置く

16-2 表メニュー→"セルの属性"→"斜線の設定..."

	最低気温	最高気温
札幌	14.9℃	26.5℃
仙台	19.2℃	25.2℃
東京	21.4℃	25.7℃
名古屋	22.6℃	28.6℃
大阪	22.6℃	29.1℃
福岡	21.5℃	28.1℃

16-4 斜線が適用された

基礎解説編

パターンの繰り返しを設定する

InDesignでは、1行ごとや2行ごとにカラーや罫線が反復するパターンを手軽に作成できる。

まず表を選択し**17-1**、表メニューから"表の属性"→"塗りのスタイル..."を選択する**17-2**。「表の属性」ダイアログが表示されるので、[パターンの繰り返し]を指定する。ここでは[1行ごとに反復]を選択し、それぞれ反復するカラーを2つ指定した。また、最初と最後の数行をスキップすることもできるので、ここでは最初の「1」行をスキップする設定とした**17-3**。[OK]ボタンをクリックすると、反復するパターンが適用される**17-4**。

なお、ここでは1行目を選択し、スウォッチパネルから任意のカラーを設定している**18-1**。あとは、テキストの書式を整えればでき上がりだ**18-2**。

17-1 表を選択

17-2 表メニュー→"表の属性"→"塗りのスタイル..."

17-3 [パターンの繰り返し：1行ごとに反復]とし、2つのカラーとスキップする行数を指定した

17-4 繰り返しのパターンが適用された

18-1 1行目のカラーを設定した

18-2

ヘッダー、フッターを設定する

InDesignでは、ヘッダーやフッターを設定することで、連結されたテキストフレームをまたぐ表に対して自動的にヘッダーやフッターを適用できる。ここでは**19-1**のような表に対してヘッダーを設定してみよう。

まず、ヘッダーとして設定したい行を文字ツールで選択する**19-2**。続いて、表メニューから"行の変換"→"ヘッダーに"を選択する**19-3**。これで、連結された他のテキストフレームの表に対してヘッダーが適用される**19-4**。

なお、ヘッダーを設定すると[パターンの繰り返し]で設定したスキップする行がヘッダーやフッターには適用されなくなるので注意。

 ヘッダーではなく、フッターを設定する場合には、表メニューから"行の変換"→"フッターに"を選択する。また、ヘッダーやフッターを解除したい場合には、表メニューから"行の変換"→"本文に"を選択する。

19-1

19-2 ヘッダーにする行を選択

19-3 表メニュー→"行の変換"→"ヘッダーに"

19-4 テキストフレームをまたぐ2つ目の表にもヘッダーが付いた

CHAPTER 03　文字と組版

セルスタイル、表スタイルを設定する

　表にもスタイル機能が用意されている。セルの属性を登録する「セルスタイル」と、表全体の属性を登録する「表スタイル」だ。
　セルスタイルでは、罫線や塗り、斜線の設定に加え、セルの余白やテキストの配置、さらにはテキストに適用する段落スタイルも指定できる。
　表スタイルは、表の境界線や行・列・塗りのパターンの繰り返し、さらには[ヘッダー行]、[フッター行]、[本文行]、[左／上の列]、[右／下の列]のそれぞれにおいてセルスタイルを指定できる。

セルスタイルの作成

　では、お勧めのスタイル運用手順を紹介していく**20**。
　まず表のテキストに適用する段落スタイルを作成しておく**21-1**。ここでは、ヘッダー、左側の列、本文のそれぞれに適用するための3つの段落スタイルを作成した。この時点では段落スタイルとテキストはリンクを切断しておこう。
　次にセルスタイルを作成する。登録したいセルを選択した状態で、セルスタイルパネルの[新規スタイルを作成]ボタンをクリックする**21-2**。すると、新規で「セルスタイル1」が作成されるので、スタイル名をダブルクリックする**21-3**。「セルスタイルオプション」ダイアログが表示されるので、[スタイル名]を入力し、適用する[段落スタイル]を指定する**21-4**。[OK]ボタンをクリックすればスタイル名が反映されるが**21-5**、セルスタイルパネルのパネルメニューから"スタイルとのリンクを切断"を実行してリンクを切断しておく**21-6**。これは、後から表スタイル内でセルスタイルを指定するためだ。同様の手順で、計3つのセルスタイルを作成する**21-7**。

20 このような表をスタイルとして登録する

21-1 段落スタイルを用意しておく

21-2 [新規スタイルを作成]ボタンをクリック

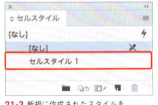
21-3 新規に作成されたスタイルをダブルクリック

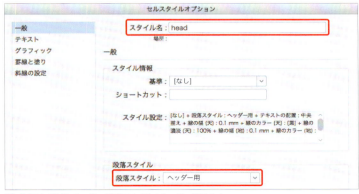
21-4 [スタイル名：head]、[段落スタイル：ヘッダー用]とした

21-5 セルスタイル「head」ができた

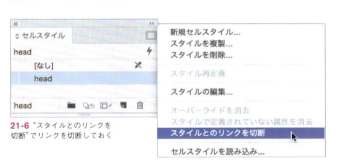
21-6 "スタイルとのリンクを切断"でリンクを切断しておく

21-7 3つのセルスタイルを準備した

表スタイルの作成

次に表スタイルを作成する。まず表全体を選択して、表スタイルパネルの［新規スタイルを作成］ボタンをクリックする**22-1**。すると、新規で「表スタイル1」が作成されるのでスタイル名をダブルクリックする**22-2**。「表スタイルオプション」ダイアログが表示されるので、［スタイル名］を入力し、各［セルスタイル］のプルダウンメニューに適用するセルスタイルを指定する**22-3**。［OK］ボタンをクリックすればスタイル名が反映される**22-4**。

この表スタイルを、別の表に適用するとスタイルが反映される**22-5**。ただし、表スタイルでは表のサイズまではコントロールできないので手動で調整する必要がある。また、今回のような場合には斜線なども手動で設定しよう。

> 表スタイルを適用してもヘッダーやフッターが反映されないときは、あらかじめ表に対してヘッダーやフッターが設定されているか確認しておこう。設定されていない場合は、表メニューの"行の変換"から実行すればOKだ。

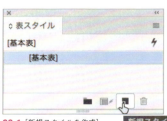

22-1 ［新規スタイルを作成］ボタンをクリック

22-2 新規に作成されたスタイルをダブルクリック

22-3 ［スタイル名：sample］とし、各［セルスタイル］は［ヘッダー行：head］、［フッター行：［本文行と同じ］］、［本文行：main］、［左／上の列：left］、［右／下の列：［本文行と同じ］］と設定した

22-4 表スタイル「sample」ができた

22-5 表スタイルを適用すると一発でこのようになる

Memo　グラフィックセル

メモ CC 2015でグラフィックセルの機能が搭載され、セルにテキストセルとグラフィックセルの概念が導入された。これまでのInDesignでも、表のセル内にインラインとして画像を配置することは可能だったが、CC 2015以降では、複数の画像をまとめてドラッグしてセル内に配置できる。

CHAPTER 04
画像、図版、カラー

01　画像の配置

02　画像の位置・サイズの調整

03　リンクのコントロール

04　画像へのテキストの回り込み

05　画像を切り抜き使用する

06　アンカー付きオブジェクト

07　コンテンツ収集（配置）ツール

08　CCライブラリ

09　スウォッチの作成と管理

10　特色の掛け合わせカラーの作成

基礎解説編
画像、図版、カラー

01 画像の配置

InDesignでは、複数の画像を目的に応じた方法で配置することができる。どのような配置方法があるかを理解し、ケースバイケースで配置方法を使い分けることが大切だ。

画像を配置する方法

　画像の配置には大きく2つの方法があり、一度の操作で複数の画像を配置可能だ。配置コマンドを実行して配置する方法と、ドラッグ＆ドロップで配置する方法だ。

　ドラッグ＆ドロップは素早く手軽に画像を配置していけるのに対し、配置コマンドを実行する場合は、画像をどのように配置するかの詳細な設定が可能。

配置コマンドを実行して配置する

　まず、ファイルメニュー→"配置…"を実行する**01-1**。「配置」ダイアログが表示されるので、配置する画像を選択する**01-2**。このとき、複数の画像を選択することができる。また、［読み込みオプションを表示］にチェックを入れておくと、画像形式に応じたオプションダイアログが表示され、画像をどのように読み込むのかの詳細な設定が可能だ。

　ここでは、［読み込みオプションを表示］にチェックを入れて［開く］ボタンをクリックする。すると、画像ごとに画像形式に応じた「画像読み込みオプション」ダイアログが表示される。Photoshop形式の画像の場合には、アルファチャンネルを利用した読み込み**01-3**や、カラープロファイルを指定しての読み込み**01-4**、レイヤーのオン／オフやレイヤーカンプを指定しての読み込みが可能だ**01-5**。

　［OK］ボタンをクリックすると、マウスポインターがグラフィック配置アイコンに変化し、画像数が表示される**01-6**。そのままドキュメント上をクリックすれば原寸で、ドラッグすればドラッグしたサイズに拡大・縮小されて画像が配置される**01-7**。矢印キーを押せば、次に配置する画像を変更することもできる。

　［読み込みオプションを表示］にチェックを入れずに読み込んだ場合、前回と同じ形式の画像を読み込んだときと同じ設定で画像が配置される。ただ、画像をそのまま配置したい場合は、チェックを入れなくてもOKだ。

　あらかじめ作成したグラフィックフレームを選択した状態で「配置」コマンドを実行すると、そのグラフィックフレーム内に画像がトリミングされた状態で配置される（画像自体は原寸で配置される）。

01-1 ファイルメニュー→"配置…"を実行

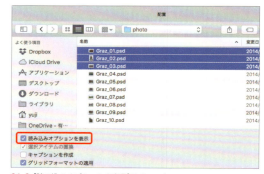
01-2 ［読み込みオプションを表示］にチェック

01-3 アルファチャンネルを利用

01-4 カラープロファイルを指定

01-5 レイヤーのオン／オフやレイヤーカンプを指定

01-6 画像数が表示される

01-7 画像が配置される

ドラッグ＆ドロップで配置する

　画像は、デスクトップやAdobe Bridgeからドラッグ＆ドロップで配置することもできる。手順は、選択した画像をドキュメント上にドラッグ＆ドロップするだけと非常に簡単だ。もちろん、複数の画像を一気に配置することも可能。

フォルダーからドラッグ＆ドロップで配置する

　まず、配置したい画像を選択する。ここでは任意のフォルダー上の画像を4点選択し、そのままドキュメント上にドラッグする **02-1**。すると、マウスポインターがグラフィック配置アイコンに変化し、画像数が表示される **02-2**。後は、クリックまたはドラッグして画像を配置していけばOKだ。なお、ドラッグしている最中に上矢印キーや右矢印キーを押すと、グラフィックフレームに行や列を追加することができ、複数の画像をコンタクトシートとしてまとめて配置することも可能 **02-3**。

グラフィックフレーム上をクリックして配置する

　作成済みのグラフィックフレーム上をクリックして、そのグラフィックフレーム内に画像を配置することもできる。また、画像を配置済みのグラフィックフレームに別の画像を配置しなおしたいときは、option（Alt）キーを押しながら画像上をクリックする。

画像には、必ず入れ物となるグラフィックフレームが必要となる。あらかじめグラフィックフレームを作成してある場合には、その中に画像が配置されることになるが、ドキュメント上の何もないところをクリックして画像を配置した場合には、InDesignが自動的に画像と同じサイズのグラフィックフレームを作成して、その中に画像を配置してくれる。

02-1 画像を選択し、ドキュメント上にドラッグ

02-2 画像数が表示される

02-3 複数の画像をまとめて配置する

基礎解説編
画像、図版、カラー

02 画像の位置・サイズの調整

画像の位置やサイズの調整は頻繁に行う作業だ。「選択」ツールと「ダイレクト選択」ツールのどちらで選択したかで、選択される内容が異なるため、作業内容に応じて使い分ける必要がある。

画像の選択

画像を操作する上で、まず気をつけたいのが画像の選択だ。画像は、グラフィックフレームという入れ物の中に配置されるが、選択ツールで選択するとグラフィックフレームが選択され、変形パネルにはグラフィックフレームの座標値が表示される**01-1**。これに対し、ダイレクト選択ツールで画像を選択すると、中身の画像自体が選択され、変形パネルにはグラフィックフレームを基準とした画像の座標値が表示される**01-2**。

ツールによって選択される内容が違うので注意したい。

 ダイレクト選択ツールで選択している場合には、[X位置]と[Y位置]の横に「+」が表示される。

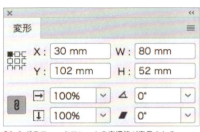
01-1 グラフィックフレームの座標値が表示される

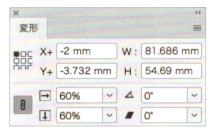
01-2 画像の座標値が表示される

グラフィックフレームの移動とサイズ変更

グラフィックフレームを移動、サイズ変更するには、まず、選択ツールで画像を選択する。そのまま、画像をドラッグして目的の場所まで移動させるか、あるいは変形パネルかコントロールパネルの[X位置]と[Y位置]に座標値を入力すればよい。サイズ変更も同様だ。選択ツールで画像を選択後、変形パネルまたはコントロールパネルで[W(幅)]と[H(高さ)]にサイズを入力する**02**。

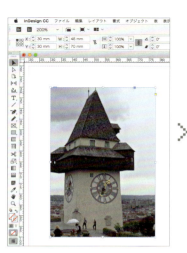

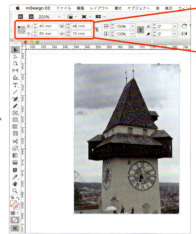

02 ここでは[X：40mm]、[Y：25mm]、[W：48mm]、[H：70mm]と入力

CHAPTER 04　画像、図版、カラー

Memo　コンテンツグラバー

メモ

選択ツールを画像の中心付近に持っていくと、ドーナツ状のアイコンが表示される。これを「コンテンツグラバー」と呼び、マウスポインターが手のひらツールに変わるので、そのままクリックすれば中の画像を選択でき、プレスすればグラフィックフレーム内で画像の表示される部分を移動できる。つまり一時的にダイレクト選択ツールのような動作をさせられるということだ。ただし、グラフィックフレームを移動させたいのに、中の画像が移動してしまったといったことも多々起こりうるので、この動作が嫌な場合には「コンテンツグラバー」を非表示にしておく。表示メニュー→"エクストラ"→"コンテンツグラバーを隠す"を実行すれば非表示にできる。

表示メニュー→"エクストラ"→"コンテンツグラバーを隠す"を実行すれば非表示に

画像の位置とサイズを調整する

グラフィックフレームはそのままで、中の画像のサイズを調整したい場合には、まず、ダイレクト選択ツールで画像を選択する**03-1**。変形パネルまたはコントロールパネルの［拡大/縮小Xパーセント］または［拡大/縮小Yパーセント］のいずれかに数値を入力すれば、画像が指定したサイズに拡大・縮小される**03-2**。また、画像を選択した状態になっていると、マウスポインターは手のひらツールに変わっているので、そのままドラッグすれば、位置を調整できる**03-3**。

なお、手のひらツールで画像をプレスしていると、トリミングされて非表示になった部分が半透明で表示されるので位置合わせに役立つ。もちろん、変形パネルまたはコントロールパネルの［X位置］と［Y位置］に座標値を入力して、画像の位置を調整してもかまわない。

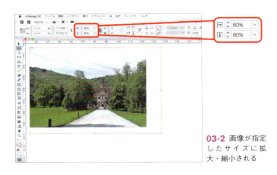

03-1 ダイレクト選択ツールで画像を選択

03-2 画像が指定したサイズに拡大・縮小される

03-3 手のひらツールでドラッグすると、位置を調整できる

基礎解説編

> **Technique** ツールの切り換えが面倒な場合
>
> 通常、グラフィックフレームを選択したい場合は「選択ツール」、中の画像を選択したい場合には「ダイレクト選択ツール」を使用する。しかし、ツールの切り換えが面倒な場合には以下の方法も覚えておくとよい。選択ツールで中の画像を選択したい場合は、画像をダブルクリック、またはグラフィックフレームを選択後、shift + esc キーを押す（もちろん、コンテンツグラバーを使用してもよい）。中の画像を選択している状態からグラフィックフレームを選択した状態に切り換えたいときは、esc キーを押せば OK だ。

オブジェクトサイズの調整

画像のサイズを正確にコントロールしたい場合には、［拡大／縮小Xパーセント］または［拡大／縮小Yパーセント］に数値を入力するが、グラフィックフレームのサイズに中の画像をフィットさせたいような場合は "オブジェクトサイズの調整" コマンドを使用すると便利だ。5つのコマンドが用意されており、用途に応じて使い分けよう**04-1**。それぞれ、以下のような動作をする。

● **フレームに均等に流し込む**
画像の縦横比を保ったまま、グラフィックフレームのサイズにフィットする。画像の縦または横の一部がトリミングされる**04-2**。

● **内容を縦横比率に応じて合わせる**
画像の縦横比を保ったまま、グラフィックフレームのサイズにフィットする。グラフィックフレームの縦または横にアキができる**04-3**。

● **フレームを内容に合わせる**
画像がすべて表示されるよう、グラフィックフレームのサイズが変更される**04-4**。

● **内容をフレームに合わせる**
画像は縦も横もグラフィックフレームにフィットする。ただし、画像の縦横比は異なる**04-5**。

● **内容を中央に揃える**
画像をグラフィックフレームの中央に移動する**04-6**。

04-2 フレームに均等に流し込む

04-3 内容を縦横比率に応じて合わせる

04-4 フレームを内容に合わせる

04-1 "オブジェクトサイズの調整" コマンドには5つのコマンドが用意されている

04-5 内容をフレームに合わせる　　04-6 内容を中央に揃える

> **Memo** 「オブジェクトサイズの調整」コマンドの画面位置
>
> "オブジェクトサイズの調整"コマンドは、コントロールパネルにボタンが用意されている。メニューから選択するよりも素早く実行できるのでお勧めだ。
>
>

> **Memo** 実際の画像の状態を確認する
>
> 画像の表示にはプレビューが使用されるため、粗い画像が表示されるケースもある。実際の画像の状態を確認したい場合には、目的の画像を選択してオブジェクトメニュー→"表示画質の設定"→"高品質表示"を選択する。
>
>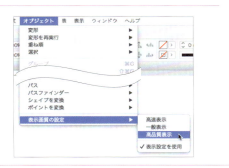

フレーム調整オプションを設定する

　InDesignでは、基本的に画像は100%のサイズで配置される。しかし、あらかじめグラフィックフレームに対して「フレーム調整オプション」を設定しておくことで、フレームサイズにフィットさせた状態で画像を配置することが可能だ。

　まず、グラフィックフレームを選択して、オブジェクトメニュー→"オブジェクトサイズの調整"→"フレーム調整オプション..."を選択する **05-1**。「フレーム調整オプション」ダイアログが表示されるので、[サイズ調整]を[なし]から目的のものにする。一般的には[フレームに均等に流し込む]を選択しておけばよい。後は、[整列の開始位置]を指定する **05-2**。[OK]ボタンをクリックすれば設定は終わり。このグラフィックフレームに画像を配置すると、"フレームに均等に流し込む"コマンドが実行された状態で画像が配置される **05-3**。

基礎解説編

「フレーム調整オプション」ダイアログには[自動調整]という項目がある。この項目がオンの場合とオフの場合では、グラフィックフレームに画像を配置後に、グラフィックフレームのサイズ変更をした際の動作が異なる。[自動調整]がオンの場合、グラフィックフレームのサイズを変更すると、それに合わせて中の画像のサイズも変更される。これに対し、オフの場合には、グラフィックフレームのサイズを変更しても中の画像サイズに影響はない。目的に応じて使い分けると便利だ。

05-2 [サイズ調整]を[フレームに均等に流し込む]に選択

05-1 オブジェクトメニュー→"オブジェクトサイズの調整"→"フレーム調整オプション..."を選択

05-3 画像がフレームに均等に配置される

Technique 「フレーム調整オプション」をオブジェクトスタイルとして運用する

「フレーム調整オプション」は便利な機能だが、あらかじめグラフィックフレームに設定しておくのが手間だ。そこで、オブジェクトスタイルとして運用する方法をお勧めしたい。オブジェクトスタイルを作成し、「オブジェクトスタイルオプション」ダイアログの[基本属性]を[フレーム調整オプション]以外すべてオフに設定し、[フレーム調整オプション]のみを設定しておく。後は、配置した画像にこのオブジェクトスタイルを適用すれば画像のサイズが調整される。複数の画像にまとめて適用できて便利だ。

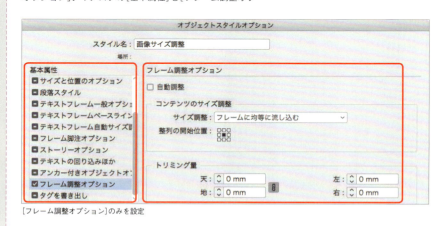

[フレーム調整オプション]のみを設定

基礎解説編
画像、図版、カラー

03 リンクのコントロール

InDesignでは、基本的に画像はリンクとして運用する。画像に関する情報はリンクパネルから確認でき、画像に関するさまざまな操作もこのパネルから実行できる。

リンクパネルを操作する

　配置した画像はすべてリンクパネルに表示され、画像を選択すると[カラースペース]や[ピクセル寸法]など、その詳細な情報を確認できる **01-1**。また、リンクパネルに「？」アイコンが表示されている時は、その画像が見つからないことを表し、「！」マークが表示されているときは、元画像に変更が加えられていることを表し、雲のマークが表されている時は、クラウドからリンクされていることを表す **01-2**。それぞれ画像を探したり、画像を更新したりして問題ないようにしておく必要がある。なお、[リンクを更新]はリンクパネルのボタンから実行できる **01-3**。

01-1 画像の詳細な情報を確認できる

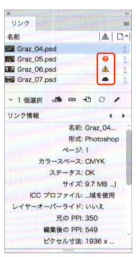

01-2 「？」マークや「！」マーク、雲のマークが表示されている

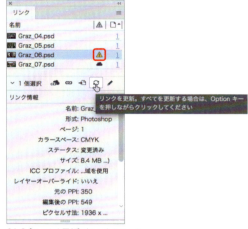

01-3 [リンクを更新]ボタンをクリック

リンクしている元画像を編集する

　リンクしている元画像を編集したい場合には、リンクパネルメニュー→"元データを編集"を選択するか、あるいはoption（Alt）キーを押しながら画像をダブルクリックする**02**。すると、元画像が作成したアプリケーションで表示され編集可能になる。そのまま編集を終え、保存すれば、修正内容は即座にInDesignドキュメントに反映される。

リンクパネルには他にも、[リンクへ移動]や[再リンク]といったボタンが用意されているので、目的に応じて使い分けよう。

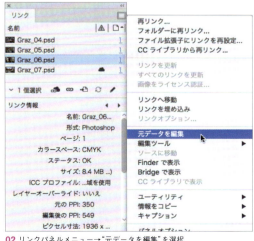

02 リンクパネルメニュー→"元データを編集"を選択

基礎解説編

Technique リンクの状態を表すアイコン

テクニック

リンクの状態は画像に表示されるアイコン（リンクバッチ）でも判断できる。画像の左上に鎖のアイコンが表示されている時は自分のマシン内の画像に、雲のアイコンが表示されている時はクラウドからリンクされていることを表すが、「？」アイコンや「！」マークが表示される場合には問題を解決する必要がある。なお、［リンクを更新］は「！」マークをクリックすることでも可能だ。ただし、表示モードが［標準モード］になっていないとアイコンは表示されない。

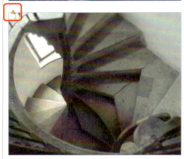

「？」アイコンや「！」マークが表示される

「！」マークをクリックするとリンクが更新される

CHAPTER 04　画像、図版、カラー

基礎解説編
画像、図版、カラー

04 画像への
テキストの回り込み

「テキストの回り込み」パネルを使用することで、目的に応じたテキストの回り込みを指定することが可能。基本的にアイコンを選択して、オフセットを指定するだけと操作も非常に簡単だ。

回り込みを設定する

画像がテキストに重なってしまう場合、画像をよけるようにテキストを流すのが「回り込み」だ。InDesignでは「テキストの回り込み」パネルを使用するだけで簡単に回り込みが実現できる。まず、選択ツールで回り込みを適用する画像を選択する**01-1**。次に「テキストの回り込み」パネルで目的のアイコンをクリックして、各項目を設定すればOKだ。それぞれ、以下のような回り込みが適用される。

● [境界線ボックスで回り込む]
　画像の境界線ボックスを基準に回り込む。上下左右のオフセットが指定可能**01-2**。

● [オブジェクトのシェイプで回り込む]
　画像のシェイプを基準に回り込む。[上オフセット]のみが指定可能**01-3**。

● [オブジェクトを挟んで回り込む]
　画像を挟んで回り込むが適用される。上下左右のオフセットが指定可能**01-4**。

● [次の段へテキストを送る]
　画像にかかる所からテキストは次の段に送られる。上下左右のオフセットが指定可能**01-5**。

「テキストの回り込み」パネルで指定した内容によっては、[回り込みオプション]や[輪郭オプション]が指定できる。[回り込みオプション]ではテキストを流すサイドを指定でき、[輪郭オプション]では画像の持つアルファチャンネルやPhotoshopパスを基準に回り込ませることが可能。

01-1 画像を選択

01-2 境界線ボックスで回り込む

01-3 オブジェクトのシェイプで回り込む

画像へのテキストの回り込み　**04**　113

基礎解説編

01-4 オブジェクトを挟んで回り込む

01-5 次の段へテキストを送る

Memo 回り込みの領域を表すラインの編集

回り込みの領域を表すラインはパスでできており、ダイレクト選択ツールやペンツールを使って好きな形に編集することが可能だ。なお、編集したパスを元に戻したい場合には、[輪郭オプション]の[種類]を[ユーザーによるパスの修正]から[クリッピング同様]に戻せばOK。

好きな形に編集することが可能

特定のテキストフレームのみ回り込みを解除する

画像に回り込みを設定した場合、複数のテキストフレームに対して回り込みが適用されてしまう場合がある。任意のテキストフレームのみ回り込みの影響を受けないようにするには、まず目的のテキストフレームを選択して、オブジェクトメニュー→"テキストフレーム設定…"を選択する 02-1。「テキストフレーム設定」ダイアログが表示されるので[テキストの回り込みを無視]にチェックを入れる 02-2。[OK]ボタンをクリックすると、そのテキストフレームのみ回り込みの影響を受けなくなる 02-3。

02-1 オブジェクトメニュー→"テキストフレーム設定…"を選択

02-2 [テキストの回り込みを無視]にチェック

02-3 目的のテキストフレームのみ回り込みの影響を受けなくなる

基礎解説編
画像、図版、カラー

05 画像を切り抜き使用する

InDesignでは、さまざまな方法で画像を切り抜き使用できる。素早く作業を行うためには、目的に応じた最適な方法で切り抜きを行うとよい。

クリッピングパスで切り抜く

InDesignには、用途に応じたいくつかの切り抜き使用の方法が用意されている。まずは、クリッピングパスで切り抜く方法を紹介しよう。

まず、Photoshop画像にあらかじめクリッピングパスを設定しておく **01-1**。この画像をInDesignドキュメントに配置すると、切り抜かれた状態で配置される **01-2**。

01-1 クリッピングパスを設定

01-2 画像は切り抜かれた状態で配置される

Attention 画像が切り抜かれた状態で配置されない

注意 InDesignのデフォルト設定では、クリッピングパスを設定した画像は切り抜かれた状態で配置される。もし、切り抜きされない場合は、「配置」ダイアログで[読み込みオプションを表示]をオンにして読み込んでみよう。「読み込みオプションを表示」ダイアログの[画像]タブで[Photoshopクリッピングパスを適用]がオフになっていると思われる。オンにしてから配置すれば、切り抜かれた状態で配置できる。

[Photoshopクリッピングパスを使用]をオンにする

Photoshop パスで切り抜く

　Photoshop画像に設定されたPhotoshopパスを使用して切り抜くことも可能だ。まず、Photoshop画像にPhotoshopパスを設定しておく**02-1**。画像をInDesignドキュメントに配置し**02-2**、画像を選択ツールで選択したら、オブジェクトメニュー→"クリッピングパス"→"オプション…"を選択する**02-3**。すると、「クリッピングパス」ダイアログが表示されるので、[タイプ]に[Photoshopパス]を選択し、[パス]に切り抜きに使用するパス(ここでは[パス1])を選択する。後は目的に応じて[マージン]を設定すればOKだ**02-4**。[OK]ボタンをクリックすれば、画像が切り抜かれる**02-5**。

 クリッピングパスと異なり、Photoshopパスは画像内に複数設定できるため、InDesign上で1つの画像を異なる切り抜き方で表示するといったことも可能だ。

02-1 Photoshopパスを設定

02-2 画像を配置

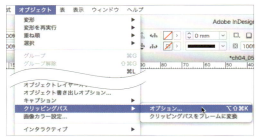

02-3 オブジェクトメニュー "クリッピングパス"→"オプション…"を選択

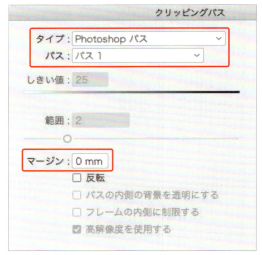

02-4 [タイプ:Photoshopパス]、[パス:パス1]を選択

02-5 画像が切り抜かれる

アルファチャンネルで切り抜く

Photoshop画像に設定されたアルファチャンネルを使用して切り抜くことも可能だ。まず、Photoshop画像にアルファチャンネルを設定しておく**03-1**。InDesignに切り替え、ファイルメニュー→"配置..."を実行する**03-2**。「配置」ダイアログが表示されるので、目的の画像を選択し、[読み込みオプションを表示]にチェックを入れて[開く]ボタンをクリックする**03-3**。「画像読み込みオプション」ダイアログが表示されるので、[画像]タブを選択し、[アルファチャンネル]（ここでは[アルファチャンネル1]）を指定する**03-4**。[OK]ボタンをクリックすれば、切り抜かれた状態で配置される**03-5**。

03-1 アルファチャンネルを設定

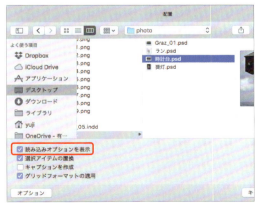

03-2 ファイルメニュー→"配置..."を実行

03-4 [アルファチャンネル：アルファチャンネル1]を指定

03-3 [読み込みオプションを表示]にチェック

03-5 画像が切り抜かれた状態で配置される

基礎解説編

Technique アルファチャンネルをクリッピングパスに変換して画像を切り抜く

テクニック

「クリッピングパス」ダイアログの[タイプ]に[アルファチャンネル]を選択することでもアルファチャンネルによる切り抜きは可能。[しきい値]や[範囲]を指定できるが、アルファチャンネルをクリッピングパスに変換して切り抜きしているため、お勧めは「配置」ダイアログから配置する方法だ。

「透明」機能を使用して切り抜く

Photoshop画像で「透明」機能を使用した画像は、InDesignでもそのまま「透明」を認識できる。まず、Photoshop画像で「透明」を設定しておく**04-1**。後は、画像をInDesignドキュメントに配置すればOKだ。Photoshopの「透明」をきちんと認識する**04-2**。

> Photoshop同様、Illustratorで設定した「透明」もきちんと認識する。なお、Illustratorのパスオブジェクトは配置ではなくコピー&ペーストすることも可能。その場合、リンクではなく、InDesignのパスとして取り込めるため、InDesign上で編集できる。

04-1 「透明」を設定

04-2 透明を認識した状態で配置される

CHAPTER 04　画像、図版、カラー

基礎解説編
画像、図版、カラー

06 アンカー付き
オブジェクト

図形や画像をはじめとするすべてのオブジェクトは、テキスト中、あるいはテキスト外で、テキストと連動して動くアンカー付きオブジェクトとして運用が可能だ。テキストに増減があっても連動して動くため、位置を修正する必要がなく便利だ。

オブジェクトをテキスト中にアンカー付けする

　図形や画像、グループ化されたオブジェクトをテキスト中に挿入して、あたかもテキストのように扱うことができる機能が「アンカー付きオブジェクト」だ。オブジェクトをアンカー付けすることで、テキストの増減に合わせて自動的に移動してくれる。

作業手順
　まず、テキスト中に挿入したいオブジェクトを選択してコピーしておく**01-1**。次に文字ツールに持ち替え、オブジェクトを挿入したい位置にカーソルを置く**01-2**。そしてペーストを実行すれば、オブジェクトがインラインとして挿入され、アンカー付けされる**01-3**。アンカー付けされたオブジェクトは、横組みの場合、テキストの仮想ボディの下にオブジェクトの下が揃うので、位置を調整したい場合には文字ツールでオブジェクトを選択し、[ベースラインシフト]を設定する**01-4**。これでオブジェクトをテキストの上下センターに配置できた**01-5**。テキストに増減があると、アンカー付けされたオブジェクトは、テキスト同様、自動的に移動する**01-6**。

01-1 オブジェクトを選択してコピー

01-2 オブジェクトを挿入したい位置にカーソルを置く

01-3 オブジェクトがアンカー付けされる

01-4 [ベースラインシフト：2H]に設定

01-5 オブジェクトをテキストの上下センターに配置できた

01-6 テキストの増減に合わせて、アンカー付けされたオブジェクトも自動的に移動する

基礎解説編

オブジェクトのサイズが大きい場合

テキストのサイズより挿入するオブジェクトのサイズの方が大きいと、挿入した行の位置がずれてしまうケースがある**02-1**。これは、オブジェクトを基準として行が送られるためだが、これを回避するためには、選択ツールで挿入したオブジェクトを下方向にめいっぱいドラッグする**02-2**。すると、オブジェクトの上辺がテキストの仮想ボディの下に揃い、行の位置が元に戻る**02-3**。あとは、[ベースラインシフト]を設定して、オブジェクトの位置を調整すればできあがりだ**02-4**。

画像を配置するためには、まず、[ツール]パネルから[長方形フレームツール]▨を選択します。次に、ドキュメント上をドラッグして任意のグラフィックフレームを作成します。

02-1 オブジェクトを挿入した行がずれる

画像を配置するためには、まず、[ツール]パネルから[長方形フレームツール]▨を選択します。次に、ドキュメント上をドラッグして任意のグラフィックフレームを作成します。

02-2 挿入したオブジェクトを下方向にめいっぱいドラッグ

画像を配置するためには、まず、[ツール]パネルから[長方形フレームツール]　を選択します。次に、ドキュメント上をドラッグして任意のグラフィックフレームを作成します。

02-3 行の位置が元に戻る

画像を配置するためには、まず、[ツール]パネルから[長方形フレームツール]▨を選択します。次に、ドキュメント上をドラッグして任意のグラフィックフレームを作成します。

02-4 オブジェクトの位置を調整

オブジェクトをテキスト外でアンカー付けする

アンカー付けできるのは、テキスト内だけではない。テキスト外に置いたオブジェクトを任意のテキストにアンカー付けして、テキストと連動して動くようにすることも可能だ。

作業手順

まず、アンカー付けしたいオブジェクトを目的の位置に置き、選択ツールで選択する。すると、オブジェクトの右上にレイヤーカラーで塗りつぶされた正方形のアイコンが表示される**03-1**。このアイコンをつかんで、アンカー付けしたいテキストの位置までドラッグすると、黒い縦線と「T」のアイコンが表示されるので、マウスを離す**03-2**。アイコンが錨（アンカー）の表示に変わり、アンカー付けは完了だ**03-3**。テキストに増減があると、それに合わせてアンカー付きオブジェクトも移動する**03-4**。

画像の配置方法はいろいろありますが、先割りレイアウトの場合は、あらかじめグラフィックフレームを作成しておきます。
まず、[ツール]パネルから[長方形フレームツール]を選択します。次に、ドキュメント上をドラッグして任意のグラフィックフレームを作成します。

03-1 オブジェクトの右上に正方形のアイコンが表示される

画像の配置方法はいろいろありますが、先割りレイアウトの場合は、あらかじめグラフィックフレームを作成しておきます。

まず、[ツール]パネルから[長方形フレームツール]を選択します。次に、ドキュメント上をドラッグして任意のグラフィックフレームを作成します。

03-2 アンカー付けしたいテキストの位置までドラッグ

画像の配置方法はいろいろありますが、先割りレイアウトの場合は、あらかじめグラフィックフレームを作成しておきます。

まず、[ツール]パネルから[長方形フレームツール]を選択します。次に、ドキュメント上をドラッグして任意のグラフィックフレームを作成します。

03-3 アイコンが錨（アンカー）の表示に変わる

先割りレイアウトの場合は、あらかじめグラフィックフレームを作成しておきます。

まず、[ツール]パネルから[長方形フレームツール]を選択します。次に、ドキュメント上をドラッグして任意のグラフィックフレームを作成します。

03-4 テキストの増減に合わせて、アンカー付きオブジェクトも移動する

「アンカー付きオブジェクトオプション」を利用する

アンカー付きオブジェクトを選択した状態で、オブジェクトメニュー→"アンカー付きオブジェクト"→"オプション..."を選択すると**04-1**、「アンカー付きオブジェクトオプション」ダイアログが表示される**04-2**。このダイアログを利用して、アンカー付きオブジェクトの位置を調整することも可能だ。

　オブジェクトを選択した際に右上に表示されるアイコンを、shiftキーを押しながらテキスト中にドラッグすると、コピー&ペーストしなくても、オブジェクトをインラインとしてアンカー付けできる。また、option(Alt)キーを押しながらドラッグすれば、「アンカー付きオブジェクトオプション」ダイアログを表示させてアンカー付けできる。

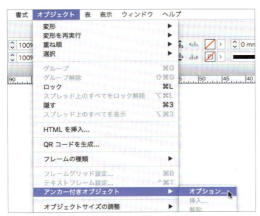

04-1 オブジェクトメニュー→"アンカー付きオブジェクト"→"オプション..."を選択

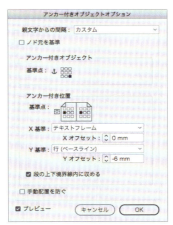

04-2 アンカー付きオブジェクトの位置を調整

基礎解説編
画像、図版、カラー

07 コンテンツ収集（配置）ツール

コンテンツ収集（配置）ツールを使用すると、オブジェクトをリンクさせて運用できる。修正する必要がある場合でも、親のオブジェクトを修正さえすれば、複製したすべてのオブジェクトを一気に更新できて非常に便利。

オブジェクトをリンクとして複製する

ドキュメント内で同じオブジェクトを複数回使用したい場合には、これまでコピー＆ペーストなどで複製していた方も多いのではないだろうか。しかし、この方法の場合、オブジェクトに修正が入ると再度コピー＆ペーストで複製する必要があった。そこで、コンテンツ収集（配置）ツールを使用してほしい。オブジェクトをリンクした状態で複製することが可能だ。

オブジェクトを読み込む

まず、コンテンツ収集ツールを選択する**01-1**。すると、「コンベヤー」と呼ばれるパネルが表示される**01-2**。この状態でマウスをオブジェクトの上に重ねるとレイヤーカラーでハイライトされる**01-3**。複製したいオブジェクトの上でクリックすると、そのオブジェクトが[コンベヤー]に読み込まれる**01-4**。

01-1 コンテンツ収集ツールを選択

01-2 コンベヤーパネルが表示される

01-3 オブジェクトがレイヤーカラーでハイライトされる

01-4 オブジェクトが[コンベヤー]に読み込まれる

オブジェクトを配置する

読み込んだオブジェクトを配置していこう。まず、[コンベヤー]でコンテンツ配置ツールを選択する**02-1**。このとき、[リンクを作成]が必ずオンになっていることを確認しよう。また、複数回、複製したい場合には[コンベヤーに保持し、複数回配置]ボタンを選択する。コンテンツ配置ツールを選択すると、マウスポインターがオブジェクトを保持したアイコンに変化するので**02-2**、複製したい場所でクリックして配置する**02-3**。同様に、配置したい場所でクリックすれば続けてオブジェクトを配置していける。

02-1 コンテンツ配置ツールを選択

02-2 オブジェクトを保持したアイコンに変化する

02-3 複製したい場所でクリックして、オブジェクトを配置する

オブジェクトを修正する

オブジェクトを修正してみよう。まず、コピー元のオブジェクトを修正する**03-1**。ここではテキストのカラーを変更した。すると、他の場所に複製したオブジェクトに警告アイコンが表示される**03-2**。これは元のオブジェクトに変更が加えられたことを表すアイコンだ。このアイコンをクリックすると、リンクが更新され修正が反映される**03-3**。

また、複製したオブジェクトがたくさんある場合には、いちいち警告アイコンをクリックしていては面倒なのでリンクパネルから一気に更新するとよい。リンクパネルで目的のオブジェクトを選択し、リンクパネルメニュー →"「＜○○○○（ここでは「Caution」）＞」のすべてのインスタンスを更新"を実行する**03-4**。これで、ドキュメント内に複製したオブジェクトすべてが修正される**03-5**。

> 表示モードが「標準モード」になっていないと、オブジェクトに警告アイコンは表示されないので注意しよう。

> コンテンツ収集（配置）ツールは異なるドキュメント間でも使用可能だ。ケースバイケースで使いこなしてほしい。

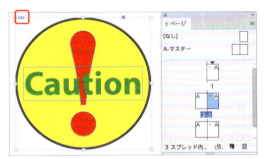

03-1 コピー元のオブジェクトを修正（テキストのカラーを変更）

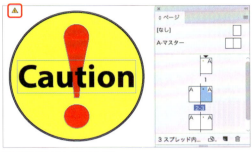

03-2 警告アイコンが表示される

03-3 警告アイコンをクリックすると、リンクが更新され修正が反映される

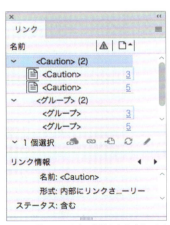

03-4 リンクパネルメニュー→"「＜Caution＞」のすべてのインスタンスを更新"を実行

03-5 ドキュメント内に複製したオブジェクトすべてが修正される

Memo コンベヤーからオブジェクトを配置する

コンベヤーからオブジェクトを配置する場合、どのボタンを選択しているかで配置時の動作が異なる。

・[配置後、コンベヤーから削除し、次を読み込み]：オブジェクトを配置したらコンベヤーから削除し、次のオブジェクトを配置可能にする

・[コンベヤーに保持し、複数回配置]：オブジェクトを配置してもコンベヤーに残し、続けて同じオブジェクトを配置できる

・[配置後、コンベヤーに保持し、次を読み込み]：オブジェクトを配置後もコンベヤーに残すが、次のオブジェクトを配置可能にする

Technique コンテンツ収集（配置）ツールで複製したオブジェクトを修正する

コンテンツ収集（配置）ツールで複製したオブジェクトを修正する場合は、必ず親の（元の）オブジェクトを修正しよう。親のオブジェクトの修正は子のオブジェクトに反映できるが、子のオブジェクトの修正は親のオブジェクトに反映できないからだ。

なお、どのオブジェクトが親なのか分からない場合には、いずれかのオブジェクトを選択した状態で、リンクパネルメニュー→"ソースに移動"を実行しよう。親のオブジェクトが選択された状態で表示される。

リンクパネルメニュー→"ソースに移動"を実行

基礎解説編
画像、図版、カラー

08 CCライブラリ

CCライブラリを使用することで、InDesignやIllustrator、Photoshopをはじめとするアドビのアプリケーション間でアセットの同期が可能となり、アプリケーションをまたいでアセットを運用していくことができます。

アセットをCCライブラリに登録する

オブジェクトをCCライブラリに登録することで、InDesignやIllustrator、Photoshopをはじめとするアドビのアプリケーションで同期され、クラウドからのリンクオブジェクトとして運用することが可能だ。ここでは、まず新規でライブラリを作成し、Illustratorで作成したオブジェクトを登録してみよう。

新規ライブラリを作成し、アセットを追加する

Illustratorでウィンドウメニュー→"ライブラリ"を選択して[ライブラリ]パネルを表示させたら、ライブラリパネルメニュー→"新規ライブラリ..."を選択する**01-1**。新規ライブラリの名前が入力可能となるので、任意の名前を付けて[作成]ボタンをクリックする**01-2**。指定した名前で新しいライブラリが作成される**01-3**。

ライブラリに登録したいオブジェクトを選択し、[ライブラリ]パネル上にドラッグする**02-1**。あるいは、オブジェクトを選択したまま、[ライブラリ]パネル左下の「＋」ボタンをクリックし、保存する形式を選択して[追加]ボタンをクリックしてもかまわない**02-2**。

選択していたオブジェクトが[ライブラリ]パネルに登録されるが**03-1**、あとからソートしやすくするためにも、名前部分をダブルクリックして分かりやすい名前を付けておくのがお勧めだ。ここでは「Memo」という名前にした**03-2**。

InDesignに切り替え、ウィンドウメニュー→"CCライブラリ"を選択して[CCライブラリ]パネルを表示する。次に、[ライブラリ]に新規で作成した「test」を選択すると、Illustrator上で登録したオブジェクトがきちんと反映されているのを確認できる**04**。

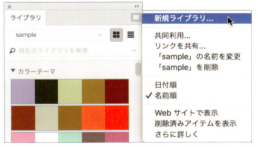
01-1 [新規ライブラリ]を選択する

01-2 ライブラリ名を付ける

01-3 新規ライブラリが作成される

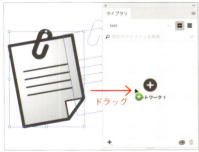
02-1 登録したいオブジェクトを[ライブラリ]パネル上にドラッグする

02-2 登録したいオブジェクトを選択して[ライブラリ]パネルの＋ボタンをクリック

基礎解説編

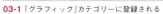
03-1 「グラフィック」カテゴリーに登録される

03-2 分かりやすい名前に変更する

04 InDesignの[CCライブラリ]も自動的に同期される

 PhotoshopやIllustratorでは[ライブラリ]パネルという名称だが、InDesignやMuseでは[CCライブラリ]パネルという名称。名前は違うが、機能的には同じもの。

 CCライブラリでは、カラーテーマ、カラー、テキスト、グラフィック、パターン、ブラシ、Look等のコンテンツを登録可能だが、これらコンテンツをアセット（資産）と呼ぶ。CCライブラリに追加したアセットは、自動的に自分のクラウドスペースに保存され、常に各アプリケーション間で同期される。

Technique ライブラリを共同利用する

CCライブラリは、各ライブラリを他の作業者と共有することが可能だ。グループワークで共通のパーツを共有したい場合には、[CCライブラリ]パネルで目的のライブラリを表示させた状態から、パネルメニューの[共同利用]を実行する。すると、ブラウザが立ち上がるので、共同で利用したい相手に招待メールを送り、その相手が招待を受入れれば、そのライブラリの共同利用が可能となる。なお、共同利用しているライブラリには、ライブラリ名の前に共同利用を表すアイコンが表示される。

CCライブラリパネルメニュー→"共同利用"を実行

CHAPTER 04　画像、図版、カラー

CCライブラリのアセットを活用する

CCライブラリのアセットを配置する

　今度はCCライブラリに登録したオブジェクトを使用してみよう。[CCライブラリ]パネルから使用したいアセットをInDesignドキュメント上にドラッグして配置する**05-1**。なお、CCライブラリから配置したオブジェクトには、クラウドからのリンクを表す雲のアイコンが表示される**05-2**。同様の手順で必要な場所にCCライブラリのアセットを配置していけばOKだ。

配置したアセットを修正する

　配置したアセットに修正が入った場合でも、クラウドとリンクされているので、素早く修正を終えることが可能。修正する場合には、[CCライブラリ]上の元のオブジェクトをダブルクリックする**06-1**。すると、Illustratorでこのオブジェクトが表示されるので、修正（ここではカラーを変更する）し、ファイルを保存して閉じる**06-2**。すると、このアセットをリンクとして配置していたオブジェクトのカラーがすべて自動的に更新される**06-3**。

05-2 雲のアイコンが表示される

05-1 [CCライブラリ]から目的のアセットをドラッグする

06-1 修正するアセットをダブルクリックする

06-2 カラーを変更して保存した

画像には、必ず入れ物となるグラフィックフレームが必要となる。あらかじめグラフィックフレームを作成してある場合には、その中に画像が配置されることになるが、ドキュメント上の何もないところをクリックして画像を配置した場合には、InDesignが自動的に画像と同じサイズのグラフィックフレームを作成して、その中に画像を配置してくれる。

06-3 InDesignに配置したオブジェクトが自動的に更新される

　クラウドからのリンクを表す雲のアイコンは、標準モードでフレーム枠を表示する設定になっていないと表示されない。また、CCライブラリから配置したオブジェクトのサイズが小さい場合には、雲のアイコンが表示されない場合もある。

　CCライブラリからドラッグして配置したオブジェクトは、クラウドからのリンクとして配置される。しかし、option〔Alt〕キーを押しながらCCライブラリからドラッグすることで、リンクではなく、コピーとして配置することも可能だ。

基礎解説編
画像、図版、カラー

09 スウォッチの作成と管理

オブジェクトにカラーを適用する場合、スウォッチとして適用しておくのがお勧め。特によく使用するカラーはスウォッチとして作成・運用することで、適用および修正を素早く行うことができる。

スウォッチを作成する

スウォッチは、カラーパネルまたはスウォッチパネルから作成できる。

まずは、カラーパネルで作成したカラーをスウォッチとして登録してみよう。カラーパネルでカラーを作成し、カラーパネルメニュー→"スウォッチに追加"を実行する**01-1**。すると、作成したカラーがスウォッチパネルに登録される**01-2**。後は、このスウォッチ名をクリックすればカラーが適用できる。

スウォッチパネルからスウォッチを作成したい場合には、スウォッチパネルメニュー→"新規カラースウォッチ..."を選択する**02-1**。すると、「新規カラースウォッチ」ダイアログが表示されるので、カラーを指定する**02-2**。[OK]ボタンをクリックすればスウォッチとして登録される**02-3**。

「新規カラースウォッチ」ダイアログの[カラー値を名前にする]をオフにすると、任意の名前を付けることもできる。

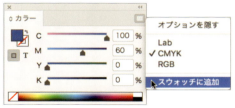
01-1 カラーパネルメニュー→"スウォッチに追加"を実行

01-2 スウォッチパネルに登録される

02-1 スウォッチパネルメニュー→"新規カラースウォッチ..."を選択

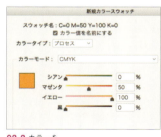
02-2 カラーを[C=0 M=50 Y=100 K=0]に指定

02-3 スウォッチとして登録される

Memo カラーパネルで作成したカラーをスウォッチに登録する

カラーパネルで作成したカラーをスウォッチに登録する場合、カラーパネルでカラーを作成後、スウォッチパネルの[新規スウォッチ]ボタンをクリックすればよい。

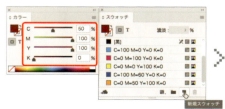

128　CHAPTER 04　画像、図版、カラー

Memo 濃淡スウォッチとグラデーションスウォッチの作成

スウォッチパネルメニューから"新規濃淡スウォッチ..."や"新規グラデーションスウォッチ..."を選択することで、既存のスウォッチの濃度を変更したスウォッチや、グラデーションスウォッチも作成することができる。

スウォッチのカラーを変更する

オブジェクトにスウォッチカラーを適用している場合、スウォッチの内容を変更すると、そのスウォッチを適用しているすべてのオブジェクトのカラーを一気に修正できる。

まず、スウォッチパネルで目的のスウォッチ名をダブルクリックする03-1。すると、「スウォッチ設定」ダイアログが表示されるので、カラーを変更する03-2。[OK]ボタンをクリックすると、スウォッチの内容が変更され、そのスウォッチを適用していたすべてのオブジェクトのカラーが修正される03-3。

03-1 目的のスウォッチ名をダブルクリック

03-3 すべてのオブジェクトのカラーが修正される

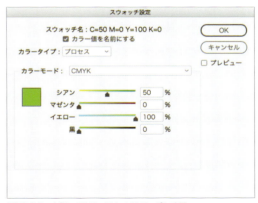

03-2 カラーを[C=50 M=0 Y=100 K=0]に変更

Memo スウォッチを削除する

スウォッチパネルで任意のスウォッチを選択して[選択したスウォッチ/グループを削除]ボタンをクリックすると、「スウォッチを削除」ダイアログが表示される。削除しようとしたスウォッチがドキュメントで使用されている場合、[定義されたスウォッチ]を選択すれば、別のスウォッチに置き換えることができ、[名前なしスウォッチ]を選択すれば、オブジェクトのカラーはそのままで、スウォッチとのリンクを切ることができる。

[選択したスウォッチ/グループを削除]ボタンをクリックすると、「スウォッチを削除」ダイアログが表示される

10 特色の掛け合わせカラーの作成

InDesignのメリットのひとつに、特色の掛け合わせが可能な点が挙げられる。簡単な操作で特色の掛け合わせカラーが作成でき、特色の変更にも素早く対応できる。仕上がりイメージをつかみやすく、カンプを近似色でプリントできるのもありがたい。

混合インキの作成

InDesignでは特色と特色、特色とプロセスカラーの掛け合わせが可能だ。この掛け合わせカラーを「混合インキ」と呼び、InDesign上で特色を使用したドキュメントが作成できる。

掛け合わせる特色をスウォッチに登録する

混合インキを作成するには、まず掛け合わせる特色をスウォッチに登録する。スウォッチパネルメニュー→"新規カラースウォッチ…"を選択する**01-1**。すると「新規カラースウォッチ」ダイアログが表示されるので、[カラータイプ]を[特色]、[カラーモード]を目的のものにする**01-2**。ここでは「DIC Color Guide」を選択した。次にスウォッチに登録したいカラーを選択し、[追加]ボタンをクリックする**01-3**。ここでは、「DIC 449s*」と「DIC 619s***」を追加した。[OK]ボタンをクリックすると、スウォッチに登録される**01-4**。

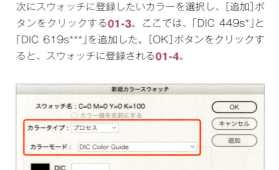

01-2 [カラータイプ：特色]、[カラーモード：DIC Color Guide]を選択

01-1 スウォッチパネルメニュー→"新規カラースウォッチ…"を選択

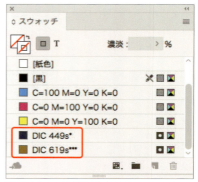

01-4 スウォッチに登録される

01-3 「DIC 449s*」と「DIC 619s***」を追加

 [新規カラースウォッチ]ダイアログには、[CCライブラリに追加]というチェックボックスがある。このオプションがオンになっていると、新規でスウォッチを追加する際に、CCライブラリにもカラーを追加する。デフォルトではオンになっているが、CCライブラリにカラーを追加したくない場合には、オフにしておこう。

混合インキを作成する

次は混合インキの作成だ。まず、スウォッチパネルメニュー→"新規混合インキグループ..."を選択する02-1。「新規混合インキグループ」ダイアログが表示されるので、掛け合わせたいカラーを2色以上選択し、[初期]、[繰り返し]、[増分値]をそれぞれ指定する。02-2のように指定すると、0%から10%刻みで10回繰り返したカラーをそれぞれ掛け合わせることになるので、11×11で計121個の混合インキスウォッチを作成できることになる。なお、[スウォッチをプレビュー]ボタンをクリックすると、作成されるスウォッチを確認できる。[OK]ボタンをクリックすると、スウォッチがグループとして登録される02-3。後は、この混合インキスウォッチを適用すればよい。なお、02-3の「グループ1」と表示されているスウォッチは、実際にカラーを適用するためのスウォッチではなく、混合インキグループの親となるスウォッチだ。

> スウォッチパネルメニュー→"新規混合インキスウォッチ..."を選択しても混合インキの作成は可能だが、混合インキを1つずつしか作成できないため、"新規混合インキグループ..."を選択するのがお勧め。

02-2 [初期]、[繰り返し]、[増分値]を指定する

02-1 スウォッチパネルメニュー→"新規混合インキグループ..."を選択

02-3 スウォッチがグループとして登録される

特色を変更する

混合インキグループとして使用した特色を変更する必要が生じた場合でも、最初から混合インキを作成しなおす必要はない。簡単な操作で混合インキを使用した特色を変更可能だ。

まず、変更したい特色をスウォッチとして登録する。ここでは「DIC 635s*」と「DIC 644s*」を追加した03-1。次に混合インキグループの「グループ1」をダブルクリックする03-2。「混合インキグループオプション」ダイアログが表示され、掛け合わせカラーとして使用している特色が表示されている03-3。

03-1 「DIC 635s*」と「DIC 644s*」を追加

03-2 「グループ1」をダブルクリック

03-3 掛け合わせカラーとして使用している特色が表示されている

基礎解説編

この特色を、それぞれ先程登録した特色に変更する。ここでは「DIC 449s*」を「DIC 635s*」に、「DIC 619s***」を「DIC 644s*」に変更した**03-4**。[OK]ボタンをクリックすると、混合インキグループのスウォッチが更新され、そのスウォッチを適用していたオブジェクトのカラーも一気に修正される**03-5**。

03-4「DIC 449s*」を「DIC 635s*」に、「DIC 619s***」を「DIC 644s*」に変更

03-5 オブジェクトのカラーも一気に修正される

Attention 混合インキグループの注意点

注意 混合インキグループは、使用している特色を変更するだけで、簡単に混合インキスウォッチを更新でき便利だが、リンクされた画像で使用している特色までは変更できない。画像に関しては、PhotoshopやIllustratorに戻って変更する必要があるので注意しよう。

CHAPTER 05
出力と書き出し

01 ドキュメントのチェックとパッケージ

02 プリントと書き出し

03 Publish Online

基礎解説編
出力と書き出し

01 ドキュメントの チェックとパッケージ

問題なく出力するためには、ドキュメントのチェックは欠かせない。InDesignには、ライブプリフライトをはじめとする、安全に出力するためのさまざまな機能が用意されており、ドキュメントの問題点をチェックできる。

ライブプリフライトでドキュメントをチェックする

せっかく作成したドキュメントも、問題点があっては出力できない。InDesignには「ライブプリフライト」という機能が用意されており、ドキュメントの問題点をチェックしてくれる。とくに出力前には必須の作業だ。

InDesignのデフォルト設定では、ドキュメントを開いていると、いつでも「ライブプリフライト」が機能しており、問題があるとドキュメントウィンドウ左下に赤い●印とエラーの数が表示される**01-1**。このエラーが表示されている部分をダブルクリックすると、プリフライトパネルが表示されるので**01-2**、[エラー]や[情報]の>マークをクリックしてエラーの内容を確認する**01-3**。

01-3のケースでは、テキストのオーバーセットが1箇所あり、テキストが12文字あふれていることを確認できる。問題点を修正するためには、このエラーの項目名をダブルクリックする。すると、問題のある箇所が選択された状態で表示される**01-4**。問題を解消すると**01-5**、プリフライトパネルには緑色の●印と「エラーなし」が表示される**01-6**。複数のエラーがある場合には、同様の手順で修正を行う。なお、プリフライトパネルはウィンドウメニューの"出力"から表示させることも可能。

01-1 ドキュメントウィンドウ左下の表示

01-2 プリフライトパネルが表示される

01-3 テキストのオーバーセットが1箇所あり、テキストが12文字あふれている

01-4 問題のある箇所が表示される　01-5

01-6 緑色の●印になった

プリフライトプロファイルを作成する

「ライブプリフライト」は非常に便利な機能だが、デフォルト設定では、チェックする項目数が非常に少なく、実際の業務では使い物にならない。そこで、新規に「プリフライトプロファイル」を作成して、それを用いてチェックする必要がある。

新規プロファイルの作成手順

まず、プリフライトパネルのパネルメニューから"プロファイルを定義..."を選択する02-1。「プリフライトプロファイル」ダイアログが表示されるので、[新規プリフライトプロファイル]ボタンをクリックする02-2。すると、新規でプロファイルが作成されるので、任意の[プロファイル名]を入力する02-3。右側にはさまざまな項目が表示されているので、チェックしたい項目をオンにしたり、数値を入力したりして目的に応じたプロファイルを作成する。ここでは、[使用を許可しないカラースペースおよびカラーモード]や[白または[紙]色に適用されたオーバープリント]、[画像解像度]、[最小線幅]などを設定した02-4〜02-6。

設定できたら[保存]ボタンと[OK]ボタンをクリックする。プリフライトパネルに戻るので、[プロファイル]に作成したプロファイルを指定する02-7。すると、より厳しい条件でドキュメントがチェックされ、新たにエラーがリストアップされる。02-8／02-9では、RGBの画像と解像度が足りていない画像がリストアップされた。後は表示される内容に応じて問題点を修正していき、最終的にエラーが無くなればOKだ。

なお、プリフライトプロファイルは、書き出したり、読み込んだり、ドキュメントに埋め込んだりすることも可能03。社内でプロファイルを共有して使用するといいだろう。

プリフライトの機能を使用すると、InDesignドキュメントに配置されているIllustrator画像の中身もチェック可能。ただし、配置したIllustrator画像のどこに問題があるかまでは表示できない。

02-1 パネルメニューから"プロファイルを定義..."

02-4 [使用を許可しないカラースペースおよびカラーモード]に[RGB]と[Lab]を指定

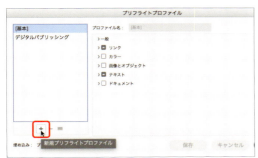

02-2 [新規プリフライトプロファイル]ボタンをクリック

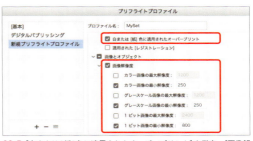

02-5 [白または[紙]色に適用されたオーバープリント]を指定。[画像解像度]は[カラー画像の最小解像度：250]、[グレースケール画像の最小解像度：250]、[1ビット画像の最小解像度：800]とした

02-3 新規プロファイルの[プロファイル名]を入力

02-6 [最小線幅：0.09mm]と指定

基礎解説編

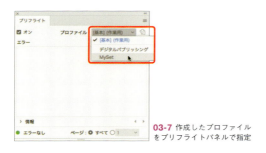

03-7 作成したプロファイルをプリフライトパネルで指定

02-9 貼り込んでいるPSDが解像度で引っかかった

02-8 貼り込んでいるPSDがカラースペースで引っかかった

03 プロファイルはドキュメントに埋め込み可能

オーバープリントをチェックする

　一般的に墨文字は「ノセ」、いわゆるオーバープリントに設定するが、意図しない箇所に誤ってオーバープリントが設定されていると印刷事故につながる。そこで、出力前にはオーバープリントの状態を確認しておこう。

　表示メニューから"オーバープリントプレビュー"を選択してオンにすると**04-1**、目視でオーバープリントの状態が確認できる。"オーバープリントプレビュー"がオンの場合と、オフの場合で表示が異なっていないかチェックしよう**04-2** / **04-3**。

オーバープリントを適用する

　オーバープリントを適用したい場合は、プリント属性パネルで[塗りオーバープリント]や[線オーバープリント]をオンにする**04-4**。

> InDesignのデフォルト設定では、スウォッチパネルの[黒]を使用した場合は、自動的にオーバープリント（ノセ）になる設定になっている。

04-2 "オーバープリントプレビュー"がオフの場合　　04-3 "オーバープリントプレビュー"がオンの場合

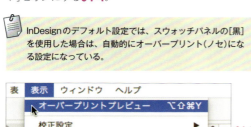

04-1

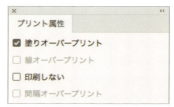

04-4 オーバープリント指定はプリント属性パネルで行う

136　CHAPTER 05　出力と書き出し

「分版」パネルでチェックする

「分版」パネルを使用すると、各版がどのようになっているかを目視で確認できる。

分版パネルを表示させ、[表示]に[色分解]を選択する**05-1**。次に各版の目玉アイコンのオン／オフを切り換えながら、各版の状態を確認する。**05-2**～**05-5**は、そ
れぞれシアン、マゼンタ、イエロー、ブラックの各版を表示させたもの。

各版を単体で表示させた際に、その版のカラーで表示するには、分版パネルのパネルメニューから"単数プレートを黒で表示"を選択してオフにする**06**。

05-1 分版パネルで[表示：色分解]とする

05-2 シアン版

05-3 マゼンタ版

06

05-4 イエロー版

05-5 ブラック版

総インキ量の確認

分版パネルでは総インキ量も確認できる。[表示]に[インキ限定]を選択し、数値を入力すると**07-1**、指定した総インキ量を超える箇所がハイライト表示される**07-2**。

> 総インキ量とは、CMYKの各版を重ね合わせた％のことで、総インキ量が高いと、印刷時に裏移りやブロッキングが起きやすくなる。用紙やインキ、印刷機によって総インキ量の限界値は異なるが、商業印刷では一般的に300～360％といわれている。

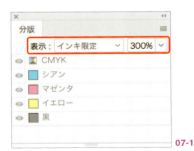
07-1

07-2 指定した総インキ量を超える箇所が赤く表示された

「透明の分割・統合」パネルでチェックする

「透明の分割・統合」パネルでは、透明機能を使用している際に、透明部分がどのように処理されるかを確認できる。

[ハイライト]に目的のものを選択すると、該当する箇所がハイライトされるので、意図しない箇所がラスタライズされたりといったことがないようチェックしよう。

08-1〜08-3は、[ハイライト]にそれぞれ[透明オブジェクト]、[影響されるすべてのオブジェクト]、[ラスタライズされるすべての領域]を選択した状態。どのように透明が影響するかを確認できる。

08-2 [ハイライト]に[影響されるすべてのオブジェクト]を選択した状態

08-1 [ハイライト]に[透明オブジェクト]を選択した状態

08-3 [ハイライト]に[ラスタライズされるすべての領域]を選択した状態

パッケージを実行する

ドキュメントに問題がなければ、「パッケージ」を実行して、ドキュメントにリンクされている画像や使用している欧文フォントを収集する。

ファイルメニューから"パッケージ..."を実行すると09-1、「パッケージ」ダイアログが表示される09-2。問題がなければ[パッケージ...]ボタンをクリックする（問題がある場合は警告アイコンが表示される）。

次に「印刷の指示」ダイアログが表示されるので、[連絡先]や[会社名]など、何かあったときに連絡が取れるよう詳細に記入して[続行]ボタンをクリックする09-3。

保存に関する次の「パッケージ」ダイアログが表示されるので09-4、[名前]と保存場所を指定し、[パッケージ]ボタンをクリックする。「警告」ダイアログが表示されるが、そのまま[OK]ボタンをクリックする09-5。すると、指定した場所にInDesignドキュメントとリンク画像、欧文フォント、出力仕様書がパッケージされる09-6。

09-1

09-2 「パッケージ」ダイアログ

09-3 「印刷の指示」ダイアログ

09-4 次の「パッケージ」ダイアログ

09-6 InDesignドキュメントと他一式が書き出された

09-5 「警告」ダイアログ

Memo　パッケージの際のチェック項目

最後の「パッケージ」ダイアログ09-4には、いくつかのチェックボックスが用意されているが、基本的には上3つの項目がオンになっていればOKだ。なお、パッケージの際にIDMLやPDFを一緒に作成することも可能。

- **[フォントをコピー（CJKとTypekitを除く）]**：ドキュメントで使用している欧文フォントを収集する。ただし、Typekitフォントは収集されない。また、Adobeのフォントに限り、和文フォントも収集される。
- **[リンクされたグラフィックのコピー]**：ドキュメントにリンクされている画像を収集する。
- **[パッケージ内のグラフィックリンクの更新]**：ドキュメントにリンクされている画像のリンク先を、収集した画像に変更する。
- **[ドキュメントハイフネーション例外のみ使用]**：ハイフネーションと辞書の設定が異なるコンピューターでドキュメントを開くか編集した場合に、テキストがリフローされないように設定される。
- **[非表示および印刷しないコンテンツのフォントとリンクを含める]**：非表示になっているオブジェクト、および印刷しない設定になっているオブジェクトのフォントやリンクも含めて収集する。

基礎解説編
出力と書き出し

02 プリントと書き出し

InDesignではプリントはもちろん、さまざまな形式のファイルの書き出しが可能だ。PDFやEPUBをはじめ、InDesign CS4以降で開くことのできる「IDML」という形式のファイルも書き出せる。

プリントを実行する

プリントは頻繁に行う作業だ。ファイルメニューから"プリント..."を選択すると **01-1**、「プリント」ダイアログが表示される。目的に応じて各項目を設定して[プリント]を実行する。

●[一般]

[プリンター]に印刷するプリンターを指定し、[コピー]に印刷部数、[ページ]では印刷する[範囲]を指定する。なお、単ページでプリントする場合には[ページ]を、見開きでプリントする場合には[見開き印刷]にチェックを入れる **01-2**。

01-1

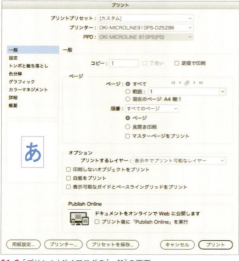

01-2 [プリント]ダイアログの[一般]の画面

●[設定]

用紙サイズや方向の設定を行う。[用紙サイズ]にプリントする用紙を指定し、[方向]を選択する。拡大・縮小も可能。なお、[サムネール]にチェックを入れるとプルダウンメニューからサムネール数を指定可能。[タイル]にチェックを入れればページを分割してプリントするタイル印刷もできる **01-3**。

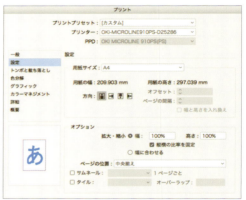

01-3 [設定]の画面

●[トンボと裁ち落とし]

[トンボとページ情報]でトンボの種類や太さを指定し、プリントするトンボやページ情報にチェックを入れる。また、用途に合わせて[裁ち落としと印刷可能領域]を設定する **01-4**。

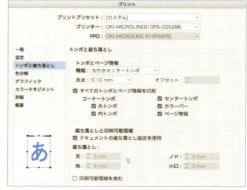

01-4 [トンボと裁ち落とし]の画面

● ［色分解］

［カラー］のプルダウンメニューから目的のものを選択する。コンポジット（分解せずに）でプリントする場合には、［コンポジットの変更なし］、［コンポジットグレー］、［コンポジットRGB］、［コンポジットCMYK］のいずれかを、色分解してプリントする場合には、［色分解(InDesign)］または［色分解(In-RIP)］のいずれかを選択する **01-5**。

01-5 ［色分解］の画面

● ［グラフィック］

プリンターに送信する画像の品質やフォントのダウンロード設定を行う。［解像度］に［すべて］を選択すると、画像の解像度そのままでデータが送信され、［サブサンプリングを最適化する］を選択すると、プリンタの解像度に合わせて再サンプリングしたデータを送信し、［プロキシ］を選択するとサムネール画像のデータが送信される。［なし］を選択すると画像はフレームだけがプリントされる。

また、［ダウンロード］に［なし］を選択するとフォントの参照情報のみでフォントデータはプリンターに送られず、［完全］を選択するとフォントデータすべて、［サブセット］ではドキュメントで使用している字形のフォントデータのみがプリンターに送られる **01-6**。

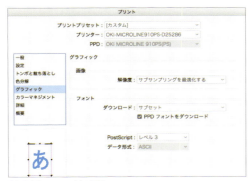

01-6 ［グラフィック］の画面

● ［カラーマネジメント］

［プリント］に［ドキュメント］を選択すると、ドキュメントで使用されているプロファイル、［校正］を選択すると［表示］メニューの［校正設定］で選択されているプロファイルでプリントされる。校正刷り用のプリンタプロファイルがある場合には、［プリンタープロファイル］を指定する **01-7**。

01-7 ［カラーマネジメント］の画面

● ［詳細］

［OPI］および、［透明の分割・統合］に使用する［プリセット］を指定する **01-8**。

01-8 ［詳細］の画面

● ［概要］

設定内容が表示される **01-9**。

01-9 ［概要］の画面

ファイルを書き出す

InDesignでは、さまざまな形式のファイルが書き出し可能だ。

ファイルメニューから"書き出し…"を選択すると**02-1**、[書き出し]ダイアログが表示される**02-2**。[名前]と保存場所を指定して、[形式]に目的のものを選択し、[保存]ボタンをクリックすれば、指定した形式に応じたダイアログが表示される。

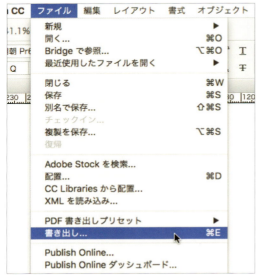

02-1

02-2 「書き出し」ダイアログ

●[Adobe PDF（インタラクティブ）]

ムービーやサウンドクリップ、ブックマーク、ハイパーリンク、相互参照、ページ効果といった、インタラクティブな要素を含むPDFの書き出しができる**03**。また、PDFフォームもインタラクティブPDFとして書き出すことで使用可能となる。圧縮率やセキュリティも設定可能。

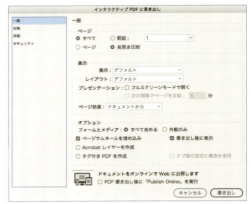

03 「インタラクティブPDFに書き出し」ダイアログ

●[Adobe PDF（プリント）]

印刷や校正など、さまざまな用途に応じたPDFの書き出しが可能。[PDF書き出しプリセット]から目的のものを選択するだけで手軽にPDFを作成できるが、手動で各項目を設定することも可能**04**。

04 「Adobe PDFを書き出し」ダイアログ

● [EPUB(リフロー可能)]

リフロー型のEPUBを書き出す。[EPUB 2.0.1]または[EPUB 3.0]のいずれかを指定できる05。

05 「EPUBの書き出し(リフロー)」ダイアログ

● [EPUB(固定レイアウト)]

固定レイアウトのEPUBを書き出す06。

06 「EPUBの書き出し(固定レイアウト)」ダイアログ

● [InDesign Markup(IDML)]

InDesign CS4以降で開くことのできるIDML形式のファイルを書き出す。ただし、開いたバージョンよりも新しいバージョンで追加された機能は反映されない。また文字組みなど、100％の互換性がある訳ではない。よって、どうしてもといったケース以外に使用はお勧めできない。なお、書き出し用のダイアログは表示されない。

ちなみに、ファイルメニュー→"別名で保存..."を選択することでも、IDML形式のファイルは書き出し可能だ07。

07 IDML形式は"別名で保存..."でも書き出し可能

 他にも、EPS、JPEG、PNGといった画像系の形式や、Flash CS6 Professionalで編集可能なFLA形式、Flash形式の再生ファイルフォーマットであるSWF形式、さらにHTML、XML形式での書き出しも可能だ。
また、テキストフレーム内にカーソルがある場合のみ、[形式]に「テキストのみ」や「リッチテキスト形式」が選択可能になる。

基礎解説編
出力と書き出し

03 Publish Online

Publish Onlineの機能を利用することで、ドキュメントをWeb上に公開することが可能となる。フォントや組版もそのままで、ブラウザから確認ができるため、校正用途にも使用できる。さらに、PDFもダウンロード可能だ。

Publish Online を実行する

校正用にPDFを送信しなくても、ブラウザ上からドキュメントのチェックが可能となる機能が、Publish Onlineだ。目的のドキュメントを開いた状態で **01-1**、ファイルメニューから "Publish Online..." を実行する **01-2**。すると、[ドキュメントをオンラインで公開]ダイアログが表示されるので、[一般]と[詳細]を設定する。[一般]タブでは[タイトル]や[説明]、片ページ（単一）か見開き（スプレッド）かを指定し、さらに目的に応じて[閲覧者がドキュメントをPDF（印刷）としてダウンロードすることを許可]や[公開済みのドキュメントの「共有」オプションと「埋め込み」オプションを非表示]のオン／オフを指定する **01-3**。[詳細]タブでは、カバーのサムネール画像の指定や、書き出す画像の品質、さらにはPDFをダウンロード可能にした際のPDFプリセットを指定する **01-4**。

［公開］ボタンをクリックするとドキュメントがアップロードされる **01-5**。アップロードが終わったら、アップロード先のURLをコピーし、[閉じる]ボタンをクリックする **01-6**。閲覧者がこのURLをブラウザで表示すれば、アップロードされたドキュメントが確認できる **01-7**。ドキュメントはフォントや組版もそのままの状態で表示される。なお、ウィンドウ右下の[PDFをダウンロード]ボタンをクリックすれば、このドキュメントのPDFをダウンロードすることも可能だ。

01-1

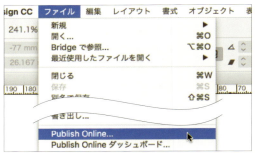
01-2 ファイルメニュー→ "Publish Online..." を選択

01-3 ［一般］タブの各項目を設定する

01-4 ［詳細］タブの各項目を設定する

CHAPTER 05　出力と書き出し

01-5 自動的にドキュメントがアップロードされる

01-6 アップロードされると、URLのコピーが可能となる

01-7

Publish Online ダッシュボードを確認する

　Publish Onlineの機能を使ってアップロードしたドキュメントは、Publish Onlineダッシュボードから管理できる。まず、ファイルメニューから"Publish Onlineダッシュボード…"を実行する **02-1**。すると、ブラウザでアップロードしたドキュメント全てが表示さ れ、SNSへの投稿や削除等、ドキュメントの管理が可能となる **02-2**。さらに「分析」タブを表示されれば、閲覧数や平均閲覧時間、どのようなデバイスから閲覧されたか等、さまざまな情報も確認できる **02-3**。

02-1 ファイルメニュー→"Publish Onlineダッシュボード…"を選択

02-2 Publish Onlineダッシュボードの「パブリケーション」

02-3 Publish Onlineダッシュボードの「分析」

第2部 ケーススタディ

CHAPTER 01
文 芸 書

01	制作の流れ
02	新規ドキュメントの作成
03	ノンブル・柱を作成する
04	テキストを配置して書式を設定する
05	縦中横を設定する
06	段落スタイルを作成する
07	ルビ・圏点・異体字を設定する
08	見出しを設定する
09	目次を作成する
10	索引を作成する

ケーススタディ
文芸書
01 制作の流れ

縦組みで墨1色、テキストのみのシンプルな書籍でも、ページ物を作成する場合には、ノンブルや柱、縦中横や段落スタイル、目次、索引と、設定する項目は多岐に渡る。このケーススタディでは、ページ物で必須の機能のポイントを押さえながら解説していく。基本的な操作が中心だが、意外と落とし穴も多い。きちんと理解しておこう。

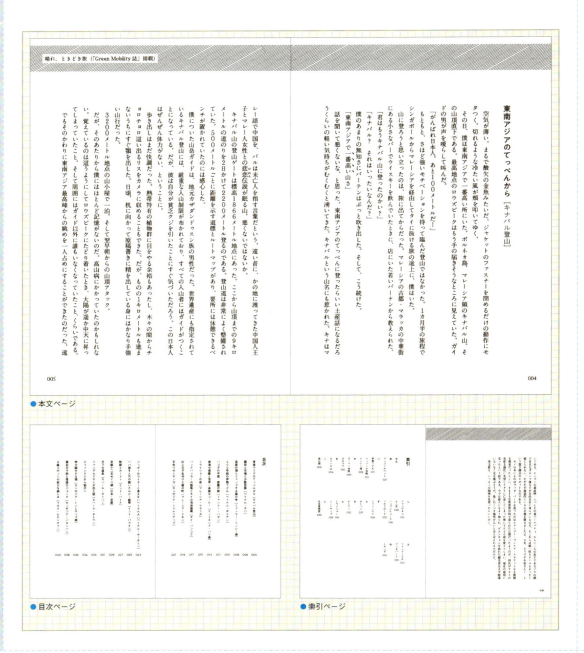

● 本文ページ

● 目次ページ

● 索引ページ

完成作例

ワークフローと使用機能

02 新規ドキュメントの作成（P.150）
→［新規レイアウトグリッド］

03 ノンブル・柱を作成する（P.151）
→［ページ番号とセクションの設定］

04 テキストを配置して書式を設定する（P.154）
→［配置］＋［禁則処理］

05 縦中横を設定する（P.156）
→［自動縦中横設定］

06 段落スタイルを作成する（P.157）
→［段落スタイル］

07 ルビ・圏点・異体字を設定する（P.158）
→［ルビ］＋［圏点］＋
［字形パネル］＋
［文字スタイル］＋
［検索と置換］

08 見出しを設定する（P.160）
→［段落スタイル］＋
［文字スタイル］＋
［正規表現スタイル］＋
［検索と置換］

09 目次を作成する（P.164）
→［目次］＋
［スタイル再定義］

10 索引を作成する（P.167）
→［索引］＋
［スタイル再定義］

ケーススタディ 文芸書

02 新規ドキュメントの作成

「新規ドキュメント」ダイアログでは、「レイアウトグリッド」と「マージン・段組」の2つの選択肢があるが、作成する印刷物に応じていずれかのボタンをクリックして作業を開始する。

版面を設定する

01 まず、ファイルメニュー→"新規"→"ドキュメント..."を選択して、「新規ドキュメント」ダイアログを表示させる。ここでは、A5サイズの縦組みの書籍を作成したいので、それに応じて各項目を設定する**01**。次に、[プライマリテキストフレーム]にチェックを入れ、[レイアウトグリッド...]ボタンをクリックする。また、[ページ数]は後から自由に増やすことができるので、ページ数が確定していない場合は「1」のままでかまわないが、ここでは「2」とした。

02「新規レイアウトグリッド」ダイアログが表示されるので、実際に使用する本文フォーマットの内容で各項目を設定していく。ここでは**02-1**のように設定した。[OK]ボタンをクリックすると、設定した内容で新規ドキュメントが作成される**02-2**。なお、ここで任意の名前を付けて、一度保存しておこう。

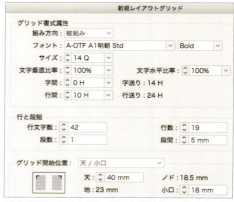

01 [ドキュメントプロファイル：印刷]、[見開きページ：オン]、[ページサイズ：A5]、[方向：縦置き]、[綴じ方：右綴じ]とした。「新規ドキュメント」ダイアログに関する詳細については、P.20も参照。なお、「新規ドキュメント」ダイアログはCC 2018から大きく変更された

 雑誌や書籍のように、決められた本文フォーマットでテキストが流れていくような印刷物の場合には[レイアウトグリッド...]、そうでない印刷物の場合には[マージン・段組...]を選択するのがお勧めだ。

02-1「新規レイアウトグリッド」の各項目を設定。[組方向：縦組み]、[フォント：A-OTF A1明朝 Std Bold]、[サイズ：14Q]、[字間：10H]、[行文字数：42]、[行数：19]、[段数：1]、[天：40mm]、[小口：18mm]とした

02-2 新規ドキュメントが作成される

Memo ［印刷可能領域］の設定

「新規ドキュメント」ダイアログの[印刷可能領域]はデフォルトでは「0mm」となっており、トンボの領域外に作成したオブジェクトはプリントされない。しかし、ここに任意の値を設定しておくことで、その値の分だけトンボよりも外の領域のオブジェクトがプリント可能となる。色玉や管理番号等をプリントしたい場合には設定しておこう。

ケーススタディ 文芸書

03 ノンブル・柱を作成する

ページ物の場合、ドキュメントを作成したらまず最初にノンブルや柱の設定を行っておこう。また、ノンブルや柱以外にも全ページに表示させたいアイテムがある場合には、併せてマスターページ上に作成しておく。

ノンブル・柱を作成する

01 ［A-マスター］に移動し、ノンブル・柱を作成する。まずは左ページの左下にノンブル用のプレーンテキストフレームを作成しよう。横組み文字ツールで任意の大きさのテキストフレームを作成したら、書式メニュー、あるいはコンテキストメニュー→"特殊文字の挿入"→"マーカー"→"現在のページ番号"を選択する**01-1**。ページ番号用の特殊文字が入力されるので、選択して書式と位置を整える。ここでは**01-2**のように設定した。作成したテキストフレームを右ページにコピーし、位置を整える**01-3**。

段落揃えには［左揃え］や［均等配置（最終行左／上揃え）］を指定してもかまわないが、［小口揃え］を指定するのがお勧め。こうしておくことで、ノンブル用のテキストフレームを右ページにコピーした際に［右揃え］と同じ状態にすることができる。

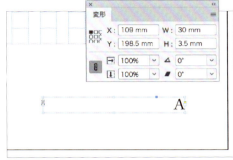

01-3 ページ番号を右ページにコピーし、位置を整える

02 次に柱用のテキストフレームを作成する。作例では、左ページの左上にプレーンテキストフレームを作成し、書式メニュー、あるいはコンテキストメニュー→"特殊文字の挿入"→"マーカー"→"セクションマーカー"を選択する**02-1**。柱用の特殊文字が入力されるので、選択して書式と位置を整える**02-2**。後で柱用のテキストフレームの背景に画像を配置したいので、テキストフレームの塗りを［紙色］に設定し**02-3**、テキストをフレームの天地のセンターに配置していこう。テキストフレームを選択したまま、オブジェクトメニュー→"テキストフレーム設定…"を選択する**02-4**。「テキストフレーム設定」ダイアログが表示されるので、［テキスト配置］の［配置］を［上揃え］から［中央］に変更して［OK］ボタンをクリックする**02-5**。これで、テキストがテキストフレームの天地中央に配置される**02-6**。

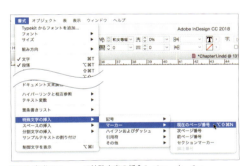

01-1 書式メニュー→"特殊文字の挿入"→"マーカー"→"現在のページ番号"を選択

01-2 ページ番号の書式と位置を整える。ここでは、［フォント：Adobe Caslon Pro Regular］、［フォントサイズ：14Q］、［段落揃え：小口揃え］とした。

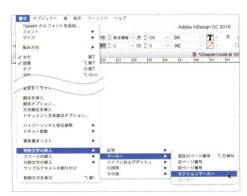

02-1 書式メニュー→"特殊文字の挿入"→"マーカー"→"セクションマーカー"を選択

ケーススタディ

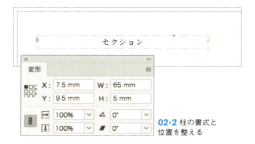

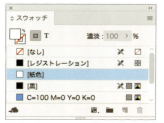

02-2 柱の書式と位置を整える

02-3 テキストフレームの塗りを[紙色]に設定

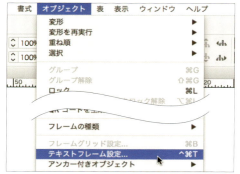

02-4 オブジェクトメニュー→"テキストフレーム設定..."を選択

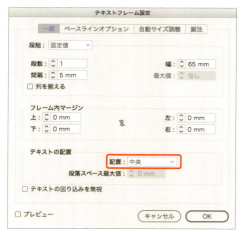

02-5 [テキスト配置]の[配置]を[中央]に変更

02-6 テキストがテキストフレームの天地中央に配置される

03 次にマスターページ上に画像を配置したいので、長方形フレームツールで左ページ上部に画像用のグラフィックフレームを作成する**03-1**。作成したグラフィックフレームは、オブジェクトメニュー→"重ね順"→"最背面へ"を実行して最背面へ配置しておく。作成したグラフィックフレームを選択した状態で、ファイルメニュー→"配置..."を実行する。「配置」ダイアログが表示されるので、目的の画像「タイル.ai」を選択し、[開く]ボタンをクリックすると**03-2**、画像が配置される**03-3**。同様の手順で右ページにも同じ画像を配置する**03-4**。

03-1 左ページ上部にグラフィックフレームを作成

03-2 「タイル.ai」を選択

03-3 画像が配置される

03-4 右ページにも同じ画像を配置する

04 マスターページ上の作業は完了したので、ドキュメントページの1ページ目に戻り、実際に使用するノンブルと柱を指定する。ページパネルメニュー→"ページ番号とセクションの設定..."を選択する **04-1**。「ページ番号とセクションの設定」ダイアログが表示されるので、[ページ番号割り当てを開始]にチェックを入れ、開始ページのノンブルを入力する。ここでは「2」と入力して、[スタイル]に[001,002,003...]を選択した **04-2**。次に柱として使用するテキストを[セクションマーカー]に入力し、[OK]ボタンをクリックする。ここでは、「晴れ、ときどき旅（『Green Mobility誌』掲載）」と入力した **04-3**。ドキュメントに対して、指定したノンブルと柱が反映される **04-4**。

04-2 [ページ番号割り当てを開始：2]、[スタイル：001,002,003...]とした

04-1 ページパネルメニュー→"ページ番号とセクションの設定..."を選択

04-3 [セクションマーカー]に「晴れ、ときどき旅（『Green Mobility誌』掲載）」と入力

> 開始ページ番号の指定は、新規ドキュメントを作成する際に「新規ドキュメント」ダイアログで指定しておくことも可能。

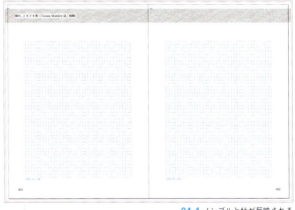

04-4 ノンブルと柱が反映される

Attention　見開きにまたがる画像を配置するときの注意点

注意 マスターページ上に見開きにまたがる画像を配置する場合には、左ページと右ページに分けて配置するようにしよう。見開きでひとつの画像として配置してしまうと、左ページと右ページに異なるマスターページを適用した際に、オブジェクトが隣のページにも表示されてしまう。トラブルを防ぐためにも、左右ページに分けて配置するのがベストだ。なお、左右ページに分けて配置してもうまくいかない場合には、フレームサイズの値に「−0.0001mm」を加える（つまり「0.0001mm」を引く）などすると改善される場合がある。pointからmmへの単位換算の誤差による影響だと思われる。

ケーススタディ 文芸書

04 テキストを配置して書式を設定する

テキストを配置したら書式を設定するが、このとき、フォントやフォントサイズだけでなく、段落パネルの「禁則処理」や「禁則調整方式」、「文字組みアキ量設定」、「コンポーザー」なども最初に指定しておこう。

テキストを配置する

01 本文用のテキストを配置する。選択ツールで開始ページのフレームグリッドを選択した状態で、ファイルメニュー→"配置..."を実行する。「配置」ダイアログが表示されるので、目的のテキスト「晴れ、ときどき旅.txt」を選択し、[開く]ボタンをクリックする**01-1**。テキストがすべて配置され、自動的にページも追加される**01-2**。

01-1 「晴れ、ときどき旅.txt」を選択

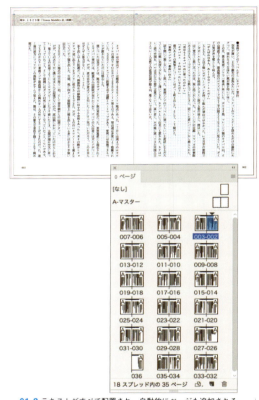

01-2 テキストがすべて配置され、自動的にページも追加される

Memo 自動でページを追加する設定

すべてのテキストが入りきるまで自動的にページを追加してくれるのは、「新規ドキュメント」ダイアログで[プライマリテキストフレーム]をオンにし、さらに「環境設定」ダイアログの[テキスト]カテゴリーで[スマートテキストのリフロー処理]がオンになっているからだ。[スマートテキストのリフロー処理]がオフの場合には、自動的にページが追加されることはない。デフォルト設定ではオンになっている。

本文テキストに書式を設定する

02 配置したテキストに対して書式を設定していく。まずは本文の設定をしたいので、テキスト中にカーソルを置き、command（Ctrl）＋Ａキーを押してテキストをすべて選択する。フレームグリッド内に配置されるテキストは、「フレームグリッド設定」ダイアログの内容で配置されるため、［フォント］や［フォントサイズ］、［行送り］は既に反映されている。ここでは段落パネルで、［禁則処理］を［弱い禁則］に、"禁則調整方式"を"調整量を優先"に、コンポーザーを"Adobe日本語単数行コンポーザー"に設定し、"連数字処理"をオフに設定した**02**。なお、これら段落書式属性に関しての詳細は、P.44、P.71を参照してほしい。

［文字組みアキ量設定］とは、文字と文字（実際には文字クラスと文字クラス）が並んだ際のアキ量を定めたものだ。この設定内容いかんで文字組みは大きく変わる。この作例では、［文字組みアキ量設定］は指定していないが、実際の業務においてはハウスルールに基づいて適切な［文字組みアキ量設定］を指定する必要がある。詳細は、P.66を参照してほしい。

02 段落パネルで各項目を設定

Memo ［プライマリテキストフレーム］の機能

新規ドキュメントを作成する際、「新規ドキュメント」ダイアログの［プライマリテキストフレーム］にチェックを入れておくことで、後からレイアウトが変更になった場合でも、マスターページ上のレイアウトを変更しさえすれば、その変更はドキュメントページにも反映される。本文テキストが複数ページにまたがって流れていくようなページ物の場合には、チェックを入れておくと便利。

Attention フレームグリッドを使用する場合のフォント設定

フレームグリッドを使用する場合、「フレームグリッド設定」ダイアログで指定している［フォント］と、実際にテキストに適用したフォントが異なっていると、テキストをペーストした際に、実際にテキストに適用したフォントではなく、「フレームグリッド設定」ダイアログで指定した［フォント］でペーストされる。意図せぬトラブルを防ぐためにも、テキストに適用するフォントと「フレームグリッド設定」ダイアログで指定する［フォント］は同じになるようにしておきたい。

「フレームグリッド設定」ダイアログで指定している［フォント］

05 縦中横を設定する

ケーススタディ　文芸書

縦組みのテキストにおいて、必須の作業が縦中横だ。基本的には、「自動縦中横設定」を指定すればよいが、指示された組版を実現するために、「縦組み中の欧文回転」を併用して使用する場合もある。

縦中横を設定する

01 テキストに縦中横を設定する。テキストを選択したまま、段落パネルメニュー→"自動縦中横設定…"を選択する**01-1**。「自動縦中横設定」ダイアログが表示されるので、[組数字]にしたい桁数を指定する。

ここでは「2」と入力し、[OK]ボタンをクリックする**01-2**。指定した桁数の数字に対して縦中横が適用される**01-3**。

「自動縦中横設定」ダイアログの[欧文も含める]にチェックを入れると、指定した桁数までの欧文に対しても縦中横が適用される。

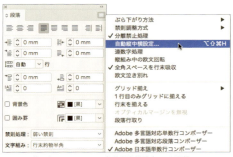

01-1 段落パネルメニュー→"自動縦中横設定…"を選択

01-2 [組数字]を「2」と入力

01-3 縦中横が適用される

Technique　縦中横の設定

ここで使用しているサンプルテキストでは、1桁・2桁の数字は半角数字、3桁以上の数字は全角数字で入力してある。そのため、2桁までの数字に対して縦中横を適用するだけで、3桁以上の数字に対しては縦中横を適用する必要はない。しかし、テキストの数字がすべて半角数字になっているケースもあるだろう。このような場合には、2桁までの数字に対して縦中横を適用し、さらに段落パネルメニュー→"縦組み中の欧文回転"を適用するという方法もある。"縦組み中の欧文回転"は[自動縦中横設定]と同時に適用できるため、[組数字]にしたい桁数を超える数に対して1文字単位で縦中横が適用されることになる。

ただし、この場合、欧文テキストも1文字単位で縦中横が適用され、[文字組みアキ量設定]の和欧間のアキ量も適用されるので注意が必要。また、使用するフォントによっては、全角数字と半角数字の字形のデザインが違うものもあるので気をつけよう。

段落パネルメニュー→"縦組み中の欧文回転"を適用する

ケーススタディ
文芸書

06 段落スタイルを作成する

段落スタイルの作成は必須の作業だ。テキストに書式を設定したら、まずは段落スタイルを作成するクセを付けておいてほしい。段落スタイルの作成手順自体は簡単なので、素早く作成できるようにしておこう。

段落スタイルを作成する

01 テキストの書式設定が終わったら、設定した書式を段落スタイルとして登録しておく。

テキストをすべて選択した状態で、段落スタイルパネルの[新規スタイルを作成]ボタンをクリックする**01-1**。選択していたテキストの書式が反映された段落スタイル(「段落スタイル1」)が作成されるので**01-2**、その段落スタイル名をダブルクリックする。すると、「段落スタイルの編集」ダイアログが表示されるので、[スタイル名]に名前を付け[OK]ボタンをクリックする**01-3**。ここでは「本文」とした。段落スタイルパネルのスタイル名が指定した名前に置き換わり、選択していたテキストと関連付けられる(リンクされる)**01-4**。

01-3 [スタイル名]を「本文」とした

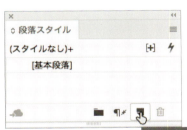

01-1 [新規スタイルを作成]ボタンをクリック

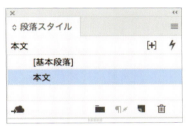

01-4 スタイル名が「本文」に置き換わる

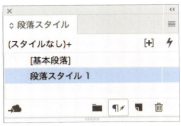

01-2 「段落スタイル1」が作成される

 段落スタイルパネルの[新規スタイルを作成]ボタンをクリックする際に、option(Alt)キーを押しながらクリックすると、「段落スタイルの編集」ダイアログを開いた状態で新規スタイルを作成できる。この方法で作業してもかまわないが、[選択範囲にスタイルを適用]にチェックを入れておかないと、選択していたテキストにリンクされないので注意しよう。

07 ルビ・圏点・異体字を設定する

ルビや圏点は文字パネルから、異体字は字形パネルから指定する。同じ圏点を複数回使用する場合には、文字スタイルとして運用しよう。置換したい同じ文字が複数ある場合には、「検索と置換」ダイアログを使用すると便利。

ルビを設定する

01 テキストにルビを設定しよう。文字ツールで目的のテキストを選択したら、文字パネルメニュー→"ルビ"→"ルビの位置と間隔…"を選択する**01-1**。「ルビ」ダイアログが表示されるので、目的に応じて[種類]に[モノルビ]あるいは[グループルビ]のいずれかを選択して[ルビ]フィールドへルビとして使用する文字を入力する。ここでは、[モノルビ]を選択して「ひ　れん」と入力し、[OK]ボタンをクリックした**01-2**。選択していたテキストに対してルビが反映される**01-3**。

01-1 文字パネルメニュー→"ルビ"→"ルビの位置と間隔…"を選択

01-2 [ルビ]に「ひ　れん」と入力

01-3 ルビが反映される

 [モノルビ]を選択した場合には、親文字単位でルビ文字の区切りとして全角スペースまたは半角スペースを入力する。

圏点を設定して文字スタイルに登録する

02 次に、テキストに対して圏点を設定する。文字ツールで目的のテキストを選択したら、文字パネルメニュー→"圏点"を選択し、表示されるメニューから使用したい圏点を選択する**02-1**。ここでは"ゴマ"を選択してテキストに適用した**02-2**。圏点を適用したテキストを選択した状態で、文字スタイルパネルの[新規スタイルを作成]ボタンをクリックする**02-3**。新規で文字スタイル（文字スタイル1）が作成されるので、スタイル名をダブルクリックする**02-4**。「文字スタイルの編集」ダイアログが表示されるので、[スタイル名]を入力して[OK]ボタンをクリックする**02-5**。ここでは「圏点」とした。スタイル名が変更され、選択していたテキストにリンクされる**02-6**。後は、圏点を適用したいテキストを選択して、この文字スタイルを適用していけばOKだ。

02-1 文字パネルメニュー→"圏点"→「使用したい圏点」を選択

02-2 "ゴマ"を選択してテキストに適用した

 圏点を複数個所に適用する場合には、文字スタイルとして登録しておくと便利だ。

02-3 [新規スタイルを作成]ボタンをクリック

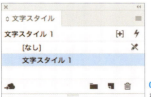

02-4 「文字スタイル1」が作成される

02-5 [スタイル名]を「圏点」とした

02-6 スタイル名が「圏点」に変更された

異体字を入力する

03 異体字の入力は字形パネルから実行する。ここでは、Unicode番号2014のダーシをUnicode番号2015に置換してみよう。まず、文字ツールでu+2014のダーシを選択し**03-1**、字形パネルでu+2015のダーシを選択すると**03-2**、選択した字形に置換される**03-3**。

03-1 文字ツールでu+2014のダーシを選択

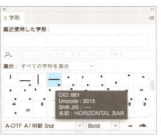

03-2 u+2015のダーシを選択

03-3 選択していた字形に置換される

> ダーシが2つ続く場合には、文字組みの状態によってダーシに間隔が空いてしまうケースがある。このような現象を避けたい場合には、ダーシを1つにして[垂直比率]を「200%」に設定することで回避する方法もある。

Technique 置換するダーシの数が多い場合の対処法

置換するダーシの数が多い場合には、手作業で置換していると手間が掛かってしまう。このような場合には、「検索と置換」ダイアログの[字形]を利用して一気に置き換えると便利だ。

ケーススタディ 文芸書

08 見出しを設定する

段落スタイル内に正規表現スタイルを使用すると、部分的に書式を変えるなど、高度な運用が可能。また、見出しを適用する場合も、あらかじめマーキングしておいた文字を利用して「検索と置換」の機能を使用すると便利。

見出しを設定して段落スタイルに登録する

01 本文の設定が終わったら、見出しを設定しよう。作例では**01-1**のように書式を設定した。次に、段落パネルメニュー→"段落分離禁止オプション..."を選択する**01-2**。「段落分離禁止オプション」ダイアログが表示されるので、[次の行数を保持]を指定する**01-3**。これにより、ページの最終行が見出しで終わるといったことを防ぐことができる。作例では「1」と設定したことで、見出しの後に最低でも本文行が1行ない場合は、見出しを次のページに送ることができる訳だ。

設定できたら、段落スタイルとして登録しておく。テキストを選択したまま、段落スタイルパネルの[新規スタイルを作成]ボタンをクリックして**01-4**、新しく作成されたスタイル名をダブルクリックする。「段落スタイルの編集」ダイアログが表示されるので、任意の[スタイル名]を入力し、[基準]を[本文]から[段落スタイルなし]に変更して[OK]ボタンをクリックする**01-5**。

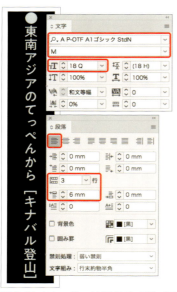

01-1 [フォント：ゴシックMB101 Pro DB]、[フォントサイズ：18Q]、[段落揃え：均等配置（最終行左／上揃え）]、[行取り：3]、[段落前のアキ：6mm]

01-2 段落パネルメニュー→"段落分離禁止オプション..."を選択

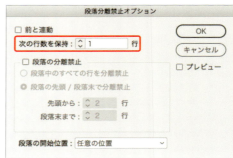

01-3 [次の行数を保持]を「1」と設定

01-4 [新規スタイルを作成]ボタンをクリック

01-5 [スタイル名]を「見出し」と入力し、[基準]を[本文]から[段落スタイルなし]に変更

Memo 段落スタイルの［基準］の設定

既に段落スタイルが適用されたテキストの書式を変更して新しい段落スタイルを作成した場合、元々適用されていた段落スタイル（仮にAとする）が新しく作成した段落スタイル（仮にBとする）の［基準］として設定される。つまり、Aの段落スタイルがBの段落スタイルの親として設定されるという訳だ。そのため、Aの段落スタイルの内容を変更すると、Bの段落スタイルの内容まで変更されてしまうケースがある。きちんと内容を理解して運用するのならよいが、そうでない場合は親子関係を切っておいたほうがよい。その場合、作例のように［基準］を［段落スタイルなし］にしておけばOKだ。

02 見出しの、角括弧の部分だけ書式を変更してみよう。作例では、［フォントウエイト］、［フォントサイズ］、［カラー］を変更した**02-1**。書式を変更したら、文字スタイルとして登録しておく**02-2**。ここでは「見出し括弧内」というスタイル名で登録した。
次に段落スタイル「見出し」をダブルクリックして「段落スタイルの編集」ダイアログを表示させ、左側のリストから［正規表現スタイル］を選択する**02-3**。［新規正規表現スタイル］ボタンをクリックして［スタイルを適用］に先程作成した文字スタイル「見出し括弧内」を指定する**02-4**。［テキスト］フィールドには、まず角括弧を直接入力し、始め角括弧と終わり角括弧の間にカーソルをおく。［テキスト］フィールドの右側のポップアップメニュー @ → "ワイルドカード" → "文字" **02-5**、続けて "繰り返し" → "1回以上（最小一致）" を選択する**02-6**。すると［テキスト］フィールドは、[.+?]となっているので、［OK］ボタンをクリックする**02-7**。これで見出しの角括弧部分に対して自動的に文字スタイルが適用される。

02-2 「見出し括弧内」という名前で文字スタイルを登録

02-3 ［正規表現スタイル］を選択

02-4 ［スタイルを適用］に「見出し括弧内」を指定

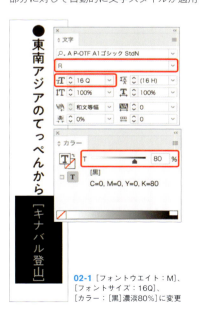

02-1 ［フォントウエイト：M］、［フォントサイズ：16Q］、［カラー：［黒］濃淡80％］に変更

02-5 "ワイルドカード" → "文字" を選択

ケーススタディ

02-6 "繰り返し"→"1回以上(最小一致)"を選択

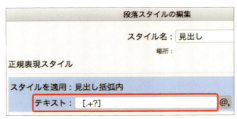

02-7 [テキスト]フィールドは、[.+?]となっている

 文字スタイルとして登録したら、テキストとの連携は切っておこう。必ずしも必要な手順ではないが、後から正規表現スタイルとして使用するので、二重に適用を防ぐ意味でも連携を切っておくのがお勧めだ。

見出しを適用する

03 見出し用の段落スタイルが作成できたので、作成した段落スタイルを他の見出し部分に適用していく。このとき、手作業で1つずつクリックしながら適用していくと手間が掛かってしまう。この作例では見出しの頭に●印が入力してあるので、これを利用し、「検索と置換」の機能を使って一気に段落スタイルを適用してみたい。編集メニュー→"検索と置換..."を選択して、「検索と置換」ダイアログを表示する。[テキスト]タブを選択したら、[検索文字列]に「●」を入力し、[置換形式]の[変更する属性を指定]ボタンをクリックする **03-1**。「置換形式の設定」ダイアログが表示されるので、[段落スタイル]に「見出し」を選択し、[OK]ボタンをクリックする **03-2**。「検索と置換」ダイアログに戻るので、[検索範囲]を指定して[すべてを置換]ボタンをクリックする **03-3**。検索が終了したことを表すアラートが表示されるので、[OK]ボタンをクリックする **03-4**。
次に見出しの頭の●印は不要なので、「検索と置換」ダイアログで[指定した属性を消去]ボタンを

クリックする **03-5**。[置換形式]がリセットされるので、[すべてを置換]ボタンをクリックする **03-6**。ドキュメント内にすべての見出し部分に段落スタイルが適用され、行頭の●印は削除される **03-7**。

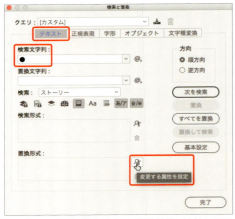

03-1 [検索文字列]に「●」を入力し、[置換形式]の[変更する属性を指定]ボタンをクリック

03-2 [段落スタイル]に「見出し」を選択

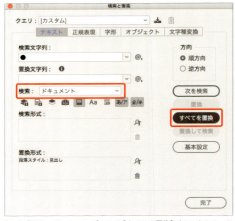

03-3 [検索:ドキュメント]として[すべてを置換]ボタンをクリック

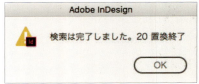

03-4 検索が終了したことを表すアラートが表示される

03-5 ［指定した属性を消去］ボタンをクリック

03-6 ［すべてを置換］ボタンをクリック

03-7 段落スタイルが適用され、行頭の●印は削除される

04 見出しの前に余分な空行があるので、「検索と置換」の機能を使って削除する。「検索と置換」ダイアログを表示し、［検索文字列］のポップアップメニュー@→"段落の終わり"を選択する**04-1**。同様の手順で、［検索文字列］に［段落の終わり］を2回、［置換文字列］に［段落の終わり］を1回入力する**04-2**。つまり、改行が2つ続く所を改行1つにする訳だ。後は、置換を実行すれば余分な空行が削除される。なお、ページの最後に白ページができていたら削除しておこう。

04-1 "段落の終わり"を選択

04-2 ［段落の終わり］を［検索文字列］に2回、［置換文字列］に1回入力

Memo　長文テキストの見出しの処理

長文テキストでは、できるだけ空行のない状態で組版することが望ましい。ページの最初の行に空行が残ってしまうと手作業で調整する必要があるからだ。そのため、作例では改行ではなく、段落パネルの［段落前のアキ］に値を入力して見出しの前のスペースを作成している。

ここでは［段落前のアキ］を「6mm」とした

ケーススタディ
文芸書

09 目次を作成する

あらかじめ用意した目次用のテキストを使用して、目次を作成しているケースを見かけるが、それではテキストの修正やページの増減のたびに手作業で目次を修正することになる。必ずInDesignの「目次」機能を利用しよう。

目次を作成する

01 まず、目次用のページをドキュメントの先頭に2ページ追加しておく**01-1**。なお、作例ではマスターページ［なし］を2ページ分追加した。次に縦組み文字ツールで、追加した2ページに目次用のプレーンテキストフレームを連結された状態で作成する**01-2**。レイアウトメニュー→"目次..."を選択する**01-3**。「目次」ダイアログが表示されるので、［タイトル］を「目次」のままとし、［スタイル］に「目次スタイル」を選択する。

続けて、［その他のスタイル］から見出しとして抜き出したいテキストに適用している段落スタイル（ここでは「見出し」）を選択して、［<<追加］ボタンをクリックする**01-4**。［段落スタイルを含む］に「見出し」が追加されるので、この「見出し」を選択してダイアログ中央部の［スタイル］と下部の［オプション］の部分を設定していく。［項目スタイル：目次のテキスト］、［ページ番号：項目後］とし、［項目と番号間］にはポップアップメニュー→"右インデントタブ"、［フレームの方向］には［縦組み］を選択して［OK］ボタンをクリックする**01-5**。マウスポインターがテキストを保持していることを表す表示に変わるので、先程、作成したテキストフレーム上でクリックしてテキストを配置する**01-6**。

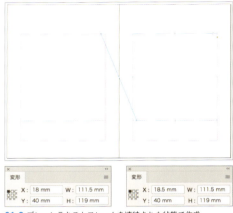
01-2 プレーンテキストフレームを連結された状態で作成

01-3 レイアウトメニュー→"目次..."を選択

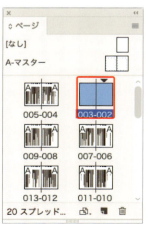
01-1 マスターページ［なし］を2ページ分追加

01-4 ［タイトル：目次］、［スタイル：目次スタイル］とし、［その他のスタイル］から「見出し」を選択して、［<<追加］ボタンをクリック

164　CHAPTER 01　文芸書

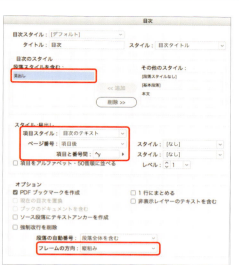

「目次」機能を利用するためには、目次として抜き出したいテキストに段落スタイルが適用されている必要がある（ただし、目次として抜き出したくないテキストにも同じ段落スタイルが適用されているとまずい）。ここでは、段落スタイル「見出し」が適用されたテキストから目次を作成していく。

01-5 「目次」ダイアログの各項目を設定

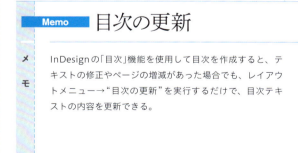

01-6 テキストを配置する

Memo 目次の更新

InDesignの「目次」機能を使用して目次を作成すると、テキストの修正やページの増減があった場合でも、レイアウトメニュー→"目次の更新"を実行するだけで、目次テキストの内容を更新できる。

> ケーススタディ

目次の書式を整える

02 作成した目次の書式を整える。まず、文字ツールでテキスト「目次」を選択し、書式を設定する**02-1**。段落スタイル「目次タイトル」がオーバーライド状態になるので、段落スタイルパネルメニュー→"スタイル再定義"を選択する**02-2**。すると、段落スタイルの内容が更新され、オーバーライドが解消される**02-3**。

続けて、文字ツールで残りのテキストを選択し、書式を設定する**02-4**。なお、ここでは[自動縦中横設定]の[組数字]も「3」桁に指定している。段落スタイル「目次のテキスト」がオーバーライド状態になるので、段落スタイルパネルメニュー→"スタイル再定義"を選択する**02-5**。すると、段落スタイルの内容が更新され、オーバーライドが解消される**02-6**。これで目次の作成は終了だ。

02-3 「目次タイトル」のオーバーライドが解消される

02-1 ［フォント：A P-OTF A1ゴシック StdN M］、［フォントサイズ：20Q］、［行送り：50H］、［段落揃え：左揃え］

02-2 段落スタイルパネルメニュー→"スタイル再定義"を選択

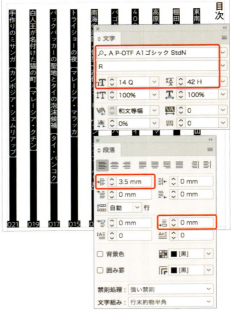

02-4 ［フォント：A P-OTF A1ゴシック StdN R］、［フォントサイズ14Q］、［行送り：42H］、［段落揃え：左揃え］、［左/上インデント：3.5mm］、［段落後のアキ：0mm］

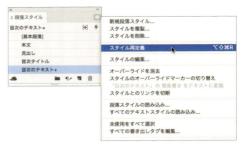

02-5 段落スタイルパネルメニュー→"スタイル再定義"を選択

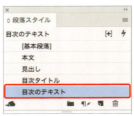

02-6 「目次のテキスト」のオーバーライドが解消される

ケーススタディ　文芸書

10 索引を作成する

索引も目次同様、InDesignの機能を利用して作成する必要がある。あらかじめ用意したテキストを使用していると、テキストの修正に対応できないからだ。索引の作成は索引パネルを使用して行う。

索引を作成する

01 まず、ドキュメントの最後にマスターページ[なし]を1ページ追加する**01-1**。次に縦組み文字ツールで、追加したページに索引用のプレーンテキストフレームを作成する**01-2**。作成したテキストフレームを選択して、オブジェクトメニュー→"テキストフレーム設定..."を選択する**01-3**。「テキストフレーム設定」ダイアログが表示されるので、[一般]タブの[段数]を「3」、[間隔]を「7.5mm」とし、[OK]ボタンをクリックする**01-4**。テキストフレームに対して段組が反映される**01-5**。

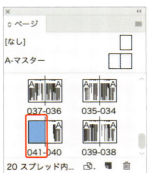

01-1 マスターページ[なし]を1ページ追加

01-3 オブジェクトメニュー→"テキストフレーム設定..."を選択

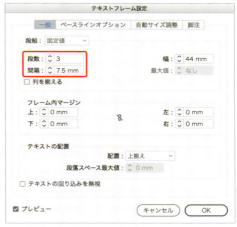

01-4 [段数：3]、[間隔：7.5mm]とする

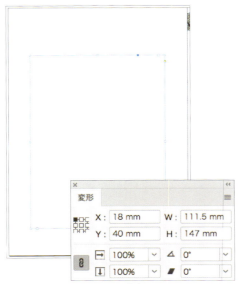

01-2 プレーンテキストフレームを作成

01-5 段組が反映される

> ケーススタディ

02 索引パネルを表示させたら、文字ツールで索引として登録したいテキストを選択し **02-1**、索引パネルの［新規索引項目を作成］ボタンをクリックする **02-2**。［索引項目］が入力された状態で「新規ページ参照」ダイアログが表示されるので、［読み］を入力する **02-3**。［OK］ボタンをクリックすると、索引パネルに反映される **02-4**。同様の手順で、索引として登録したいテキストをすべて索引パネルに登録していく **02-5**。

02-3 ［読み］を「キナバルさん」と入力

02-1 索引として登録したいテキストを選択

02-4 索引パネルに反映される

02-2 ［新規索引項目を作成］ボタンをクリック

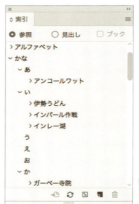

02-5 索引として登録したいテキストをすべて索引パネルに登録していく

 選択しているテキストが、欧文、またはひらがな、カタカナのみの場合は、［読み］を入力する必要はない。

Memo 「新規ページ参照」の機能

「新規ページ参照」ダイアログには、［すべて追加］ボタンが用意されており、このボタンをクリックすることで、ドキュメントやブック内の同じ単語をまとめて索引項目として登録可能だ。ただし、「Design」という単語を登録すると、「InDesign」も拾ってしまうといったこともあるので注意が必要。

03 索引の登録が終わったら、索引テキストを書き出すために、索引パネルメニュー→"索引の作成..."を選択する**03-1**。「索引の作成」ダイアログが表示されるので、各項目を設定していく。作例では**03-2**のように設定し、[OK]ボタンをクリックした。マウスポインタがテキストを保持していることをあらわす表示に変わるので、先程、作成したテキストフレームの上でクリックしてテキストを配置する**03-3**。

03-1 索引パネルメニュー→"索引の作成..."を選択

03-2 「索引の作成」の各項目を設定

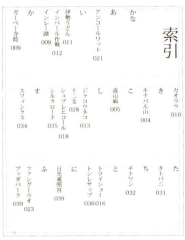

03-3 テキストを配置する

索引の書式を整える

04 作成した索引の書式を整える。まず、文字ツールでテキスト「索引」を選択し、書式を設定する**04-1**。段落スタイル「索引タイトル」がオーバーライド状態になるので、段落スタイルパネルメニュー→"スタイル再定義"を選択する**04-2**。すると、段落スタイルの内容が更新され、オーバーライドが解消される**04-3**。

次に、「索引セクションの見出し」と「索引レベル1」のテキストの書式を設定する**04-4** ／ **04-5**。それぞれの段落スタイルがオーバーライド状態になるので、段落スタイルパネルメニュー→"スタイル再定義"を選択する。すると、段落スタイルの内容が更新され、オーバーライドが解消される**04-6**。これで索引の作成は終了だ。

04-1 ［フォント：A P-OTF A1ゴシック StdN M］、［フォントサイズ：20Q］、［行送り：56H］、［段落揃え：左揃え］、［段落後のアキ：0mm］

04-2 段落スタイルパネルメニュー→"スタイル再定義"を選択

ケーススタディ

04-3 「索引タイトル」のオーバーライドが解消される

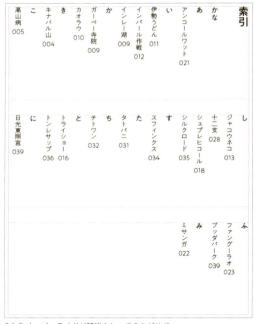

04-6 オーバーライドが解消され、できあがりだ

04-4 ［フォント：A P-OTF A1ゴシックStdN R］、［フォントサイズ：14Q］、［行送り：28H］、［段落揃え：左揃え］、［段落前のアキ：0mm］、［段落後のアキ：0mm］

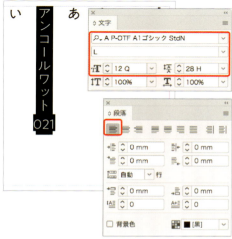

04-5 索引レベル1：［フォント：A P-OTF A1ゴシックStdN L］、［フォントサイズ：12Q］、［行送り：28H］、［段落揃え：左揃え］

170 CHAPTER 01 文芸書

CHAPTER 02
雑誌（見開き）

01　制作の流れ

02　合成フォントの作成

03　新規ドキュメントの作成

04　ノンブル・柱の作成

05　本文テキストの配置とスタイルの作成

06　先頭文字スタイルの設定

07　画像の配置と回り込みの設定

08　仕上げ

ケーススタディ
雑誌（見開き）

01 制作の流れ

DLデータ

雑誌など、本文のフォーマットが決まっているドキュメントでは、最初にレイアウトグリッドをきっちり作り込んでから作業を進める。テキストは段落スタイルを作成して作業するのはもちろん、できるだけ自動的に書式設定を終えられるよう、先頭文字スタイルなどの機能を積極的に活用しよう。

完成作例

02 合成フォントの作成 (P.174)
→［合成フォント］

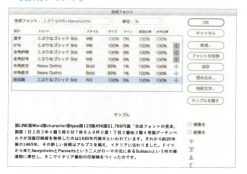

03 新規ドキュメントの作成 (P.176)
→［新規レイアウトグリッド］+［プライマリテキストフレーム］+［レイヤー］

ワークフローと使用機能

172　CHAPTER 02　雑誌（見開き）

04 ノンブル・柱の作成（P.177）

→［現在のページ番号］＋［セクションマーカー］

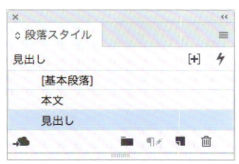

05 本文テキストの配置とスタイルの作成（P.179）

→［自動縦中横設定］＋［行取り］＋［段落スタイル］＋［文字スタイル］

07 画像の配置と回り込みの設定（P.185）

→［効果］＋［テキストの回り込み］＋［テキストの回り込みを無視］＋［重ね順］

06 先頭文字スタイルの設定（P.184）

→［先頭文字スタイル］

08 仕上げ（P.193）

→［段落後のアキ］

ケーススタディ
雑誌（見開き）

02 合成フォントの作成

「かな」や「数字」、「欧文」などに、異なるフォントを指定するのが「合成フォント」だ。見た目の印象や読みやすさも大きく変わるので、目的に応じて使いこなすと、ワンランク上の組版が実現できる。

合成フォントを作成する

01 新規ドキュメントを作成する前に、ドキュメントで使用する合成フォントを作成しておこう。
まず、書式メニュー→"合成フォント..."を選択する**01-1**。「合成フォント」ダイアログが表示されるので、[新規...]ボタンをクリックする**01-2**。「新規合成フォント」ダイアログが表示されるので、任意の[名前]を入力して[OK]ボタンをクリックする**01-3**。ここでは「こぶりなW3+NewsGothic」と入力した。なお、[元とするセット]がある場合には、目的のものを選択しておく。

01-1 書式メニュー→"合成フォント..."を選択

01-2 [新規]ボタンをクリック

01-3 [名前]を「こぶりなW3+NewsGothic」と入力

 InDesignでは、ドキュメントを何も開いていない状態で変更、作成した設定は、以後、新規で作成するドキュメントすべてに反映される。

02 「合成フォント」ダイアログに戻るので、カテゴリーごとにフォントやサイズなどを設定していく。この際、サンプルを表示させ、[ズーム]やダイアログ右下の各ラインを表示させるなどすると作業がしやすい。ここでは、[漢字]、[かな]、[全角約物]、[全角記号]の[フォント]を「こぶりなゴシックStd W3」に、[半角欧文]と[半角数字]の[フォント]を「News Gothic Medium」、[サイズ：97％]、[ライン：1％]に設定した**02**。作成できたら[保存]ボタンをクリックする。

02 「こぶりなW3+NewsGothic」のフォントやサイズなどを設定

03 同様の手順で合成フォントをもう1つ作成する。ここでは[名前]を「こぶりなW6+NewsGothic」とし、[漢字]、[かな]、[全角約物]、[全角記号]の[フォント]を「こぶりなゴシックStd W6」に、[半角欧文]と[半角数字]の[フォント]を「News Gothic Bold」、[サイズ：99％]、[ライン：1％]に設定した**03**。

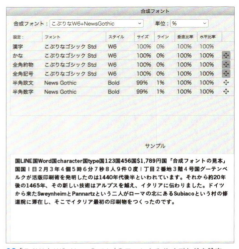

03 「こぶりなW6+NewsGothic」のフォントやサイズなどを設定

04 設定できたら、さらに特例文字を設定してみよう。特例文字を設定することで、指定した任意の文字のみ、異なるフォントやサイズを指定することが可能になる。まず、[特例文字...]ボタンをクリックする。すると、「特例文字セット編集」ダイアログが表示されるので、[新規...]ボタンをクリックする**04-1**。「新規特例文字セット」ダイアログが表示されるので、任意の[名前]を入力する。ここでは「括弧類」と入力し、[OK]ボタンをクリックする**04-2**。「特例文字セット編集」ダイアログに戻るので、[フォント]を「こぶりなゴシック Std W3」に設定し、[文字]に追加したい文字を入力して[追加]ボタンをクリックする**04-3**。ここでは、「」()の4文字を登録した**04-4**。登録できたら[保存]ボタンをクリックし、続けて[OK]ボタンをクリックする。「合成フォント」ダイアログに戻るので、[括弧類]にフォントやサイズを指定する**04-5**。ここでは特に変更せずに、[保存]ボタンと[OK]ボタンをクリックする。

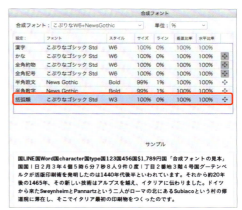

04-3 「括弧類」のフォント、追加したい文字を設定

04-4 「」()の4文字を登録した

04-1 [新規...]ボタンをクリック

04-2 「括弧類」と入力

04-5 [保存]ボタンと[OK]ボタンをクリック

Technique 合成フォントの設定のコツ

「合成フォント」ダイアログでは、複数の項目に同じ設定をしたい場合には、先に目的の項目を複数選択してから（[設定：]部分をクリックすると、複数項目を選択可能）、いずれかの設定を変更すれば、選択している項目すべてに対して同じ変更内容が反映される。

なお、合成フォントで欧文の[サイズ]や[ライン]をどれぐらいに設定すればよいかを迷ってしまう場合には、使用する和文フォントの「M」と欧文フォントの「M」を並べて入力し、同じ大きさと位置に見えるような値を指定してやるのがお勧めの方法だ。

また、任意の文字を「特例文字」として、異なるフォントやサイズを指定することも可能。

ケーススタディ
雑誌（見開き）

03 新規ドキュメントの作成

雑誌などのように、あらかじめ決められた本文フォーマットがある場合には、レイアウトグリッドを使用してドキュメントを作成した方が、その後の作業が便利になる。必ずきちんと設定しておこう。

版面を設定する

01 新規ドキュメントを作成する。ファイルメニュー→"新規"→"ドキュメント…"を選択して**01-1**、「新規ドキュメント」ダイアログを表示させる。ここでは、A4サイズの雑誌の見開きを作成したいので各項目を設定する**01-2**。設定できたら、[レイアウトグリッド…]ボタンをクリックする。

01-1 ファイルメニュー→"新規"→"ドキュメント…"を選択

01-2 [ドキュメントプロファイル：印刷]、[ページ数：2]、[見開きページ：オン]、[開始ページ番号：14]、[プライマリテキストフレーム：オン]、[ページサイズ：A4]、[方向：縦置き]、[綴じ方：右綴じ]とした

02 「新規レイアウトグリッド」ダイアログが表示されるので、各項目を設定していく。ここでは、[組方向：縦組み]、[フォント：こぶりなW3+NewsGothic]、[サイズ：13Q]、[字間：0H]、[行間：7H]、[行文字数：17]、[行数：34]、[段数：4]、[段間：8.5mm]、[天：25.5mm]、[小口：20mm]と設定した**02-1**。[OK]ボタンをクリックすると、設定した内容で新規ドキュメントが作成される**02-2**。

02-1 「新規レイアウトグリッド」の各項目を設定

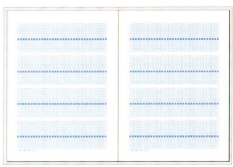

02-2 新規ドキュメントが作成される

03 レイヤーパネルを表示させ、「レイヤー1」をダブルクリックして[名前]を変更しておく。ここでは「text」とする**03**。なお、ここで任意のファイル名を付けて、ドキュメントを一度保存しておこう。

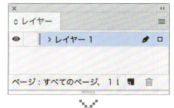

03 レイヤーの[名前]を「レイヤー1」から「text」に変更

ケーススタディ
雑誌（見開き）

04 ノンブル・柱の作成

ノンブルや柱といったパーツはマスターページ上に作成する。なお、[段落揃え]に[小口揃え]を指定しておくと、ページの左右が入れ替わった場合でも自動的に段落揃えが反対になるので効率的だ。

ノンブルと柱を設定する

01 「A-マスター」に移動し、横組み文字ツールでノンブルと柱用のプレーンテキストフレームを作成する。ここでは、まず左ページに作成した。それぞれのテキストフレームの位置とサイズは、左上の[基準点]を選択した状態で、「X：7mm、Y：284mm、W：7mm、H：3mm」、「X：15mm、Y：284.375mm、W：50mm、H：2.25mm」とする**01-1**。
次に、テキストフレーム内にカーソルを置いた状態で、書式メニュー→"特殊文字の挿入"→"マーカー"→"現在のページ番号"(ノンブル)と"セクションマーカー"(柱)を選択し、書式を設定する**01-2**。
ノンブルは[フォント：Adobe Caslon Pro Bold]、[フォントサイズ：12Q]、柱は[フォント：こぶりなW6+NewsGothic]、[フォントサイズ：9Q]とする**01-3**。なお、[段落揃え]はどちらも[小口揃え]に設定しておく**01-4**。

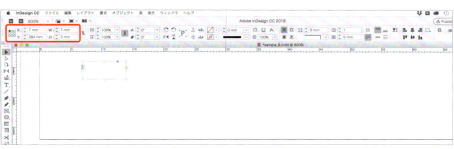

01-1 左ページのノンブルと柱用の位置を設定

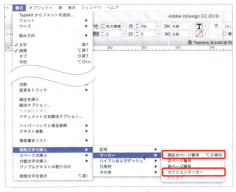

01-2 書式メニューから"現在のページ番号"(ノンブル)、"セクションマーカー"(柱)を選択

01-3 ノンブルと柱用の書式を設定

> ケーススタディ

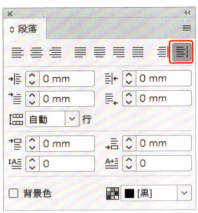

01-4 ［段落揃え］は［小口揃え］に設定

02 作成したノンブルと柱のテキストフレームを右ページにコピーする。それぞれのテキストフレームの位置とサイズは、右上の［基準点］を選択した状態で、「X：413mm、Y：284mm、W：7mm、H：3mm」、「X：405mm、Y：284.375mm、W：50mm、H：2.25mm」とする**02**。［段落揃え］に［小口揃え］を指定していたため、テキストの揃えは自動的に変更される。

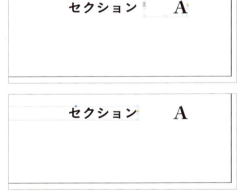

02 右ページのノンブルと柱用の位置を設定

03 ドキュメントページに戻り、ページパネルで最初のページが選択されているのを確認したら、ページパネルメニュー→"ページ番号とセクションの設定…"を選択する**03-1**。「ページ番号とセクションの設定」ダイアログが表示されるので、［セクションマーカー］に柱として使用するテキストを入力する。ここでは「B_その他.txt」から「Feature Articles / liveikoze Special Interview：vez」の文字列をコピー＆ペーストした**03-2**。［OK］ボタンをクリックすると、ドキュメントに柱が適用される**03-3**。

なお、新規ドキュメントを作成時に［開始ページ番号］を指定した場合には、ページ番号（ノンブル）は自動的に反映される。

03-1 ページパネルメニュー→"ページ番号とセクションの設定…"を選択

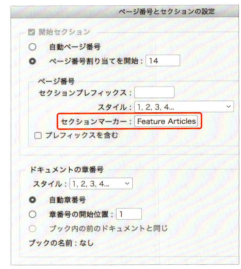

03-2 ［セクションマーカー］に「Feature Articles / liveikoze Special Interview：vez」をペースト

03-3 ドキュメントに柱が適用される

ケーススタディ
雑誌（見開き）

05 本文テキストの配置とスタイルの作成

設定した書式は、用途別のスタイルとして登録しておく。これにより、テキストへの書式適用、および修正を素早く終えることが可能になる。スタイル運用は必須の作業と理解して、ドキュメントを作成してほしい。

本文テキストを配置する

01 まず、フレームグリッド内に本文用のテキストを配置する。縦組み文字ツールでフレームグリッド内にカーソルを置き、ファイルメニュー→"配置..."を実行する**01-1**。「配置」ダイアログが表示されるので、テキストファイル「B_本文.txt」を選択し、[開く]ボタンをクリックする**01-2**。すると、テキストがフレームグリッドに流し込まれる**01-3**。

01-1 ファイルメニュー→"配置..."を実行

01-2 「B_本文.txt」を選択

01-3 テキストがフレームグリッドに流し込まれる

縦中横を設定する

02 縦組み文字ツールでテキストをすべて選択し、書式を設定していく**02-1**。フォントや行送りは、既にフレームグリッドの設定が反映されているので、ここでは[自動縦中横設定]を設定する。段落パネルメニュー→"自動縦中横設定..."を選択する**02-2**。すると、「自動縦中横設定」ダイアログが表示されるので、[組数字]を「2」とし、[欧文も含める]にチェックを入れる**02-3**。[OK]ボタンをクリックすると、テキストに縦中横が適用される**02-4**。

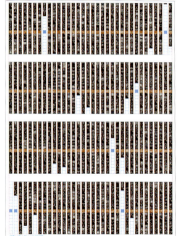

02-1 テキストをすべて選択

02-2 段落パネルメニュー→"自動縦中横設定..."を選択

02-3 [組数字：2]、[欧文も含める：オン]とした

ケーススタディ

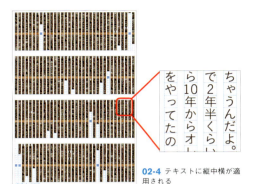

02-4 テキストに縦中横が適用される

03-3 ［スタイル名］を「本文」と入力

 作例では、「配置」ダイアログからテキストを配置したが、デスクトップなどからテキストを配置してもOKだ。

03-4 スタイル名が反映される

見出しの書式を設定する

03 テキストの書式を段落スタイルとして登録する。テキストを選択したまま、段落スタイルパネルの［新規スタイルを作成］ボタンをクリックする **03-1**。「段落スタイル1」という名前で新規スタイルが作成されるので、このスタイル名をダブルクリックする **03-2**。すると、「段落スタイルの編集」ダイアログが表示されるので、［スタイル名］を入力する **03-3**。ここでは「本文」と入力した。［OK］ボタンをクリックすると、選択していたテキストと段落スタイルが関連付けられ（リンクされ）、段落スタイルパネルに入力したスタイル名が反映される **03-4**。

04 次に見出しの書式を設定し、段落スタイルとして登録する。縦組み文字ツールで1行目のテキストを選択し、書式を変更する。ここでは、［フォント：こぶりなW6+NewsGothic］、［フォントサイズ：14Q］、［行取り：2］とする **04-1**。続いて、段落パネルメニュー→"段落境界線..."を選択する **04-2**。「段落境界線」ダイアログが表示されるので、［前境界線］を選択したら、［境界線を挿入］にチェックを入れ、［線幅］を「0.3mm」とする **04-3**。［OK］ボタンをクリックすると、テキストに段落境界線が反映される **04-4**。

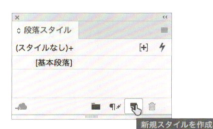

03-1 ［新規スタイルを作成］ボタンをクリック

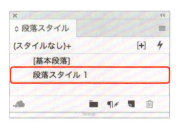

03-2 ［段落スタイル1］をダブルクリック

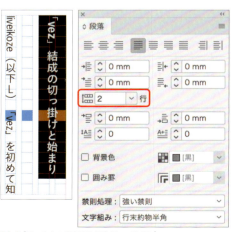

04-1 ［フォント：こぶりなW6+NewsGothic］、［フォントサイズ：14Q］、［行取り：2］に変更

04-2 段落パネルメニュー→"段落境界線..."を選択

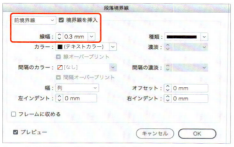

04-3 [前境界線]を選択し、[境界線を挿入：オン]、[線幅：0.3mm]に設定

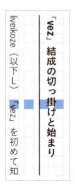

04-4 テキストに段落境界線が反映される

段落スタイルとして登録する

<u>05</u> テキストを選択したまま、段落スタイルパネルの[新規スタイルを作成]ボタンをクリックする**05-1**。「段落スタイル1」という名前で新規スタイルが作成されるので、このスタイル名をダブルクリックする**05-2**。すると、「段落スタイルの編集」ダイアログが表示されるので、[スタイル名]を入力する**05-3**。ここでは「見出し」と入力した。さらに[基準]が「本文」になっているので、[段落スタイルなし]に変更しておく**05-4**。[OK]ボタンをクリックすると、選択していたテキストと段落スタイルが関連付けられ（リンクされ）、段落スタイルパネルに入力したスタイル名が反映される**05-5**。

あとは、段落内にカーソルを置き、この段落スタイル名をクリックすれば、同じ書式を適用していける（作例ではこの手順はない）。

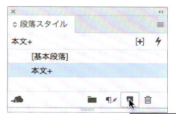

05-1 [新規スタイルを作成]ボタンをクリック

05-2「段落スタイル1」をダブルクリック

05-3 [スタイル名]を「見出し」と入力

05-4 [基準]を「本文」から[段落スタイルなし]に変更

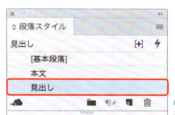

05-5 スタイル名が反映される

ケーススタディ

Attention 段落スタイルの親子関係

注意　InDesignでは親子関係を持つスタイルを作成でき、既に段落スタイルを設定したテキストから、新たに別の段落スタイルを作成すると、元々のスタイルを親とする段落スタイルとなる。「段落スタイルの編集」ダイアログの[基準]に指定されたスタイルが親であることを表しており、親のスタイルの設定内容を変えると、子のスタイルはその変更の影響を受ける。きちんと理解した上で運用すればよいが、そうでない場合は思わぬ結果になることがあるので注意が必要だ。そのため、作例では[基準]を[段落スタイルなし]に変更してスタイルを登録している。

文字スタイルを作成する

06 次に文字スタイルを作成する。縦組み文字ツールで本文テキストの最初の行の「liveikoze（以下L）」を選択し、[フォント]を「こぶりなW6+NewsGothic」に変更する**06-1**。テキストを選択したまま、文字スタイルパネルの[新規スタイルを作成]ボタンをクリックする**06-2**。「文字スタイル1」という名前で新規スタイルが作成されるので、このスタイル名をダブルクリックする**06-3**。すると、[文字スタイルの編集]ダイアログが表示されるので、[スタイル名]を入力する**06-4**。ここでは「太字」と入力した。[OK]ボタンをクリックすると、選択していたテキストと文字スタイルが関連付けられ（リンクされ）、[文字スタイル]パネルに入力したスタイル名が反映される**06-5**。なお、文字スタイル作成後は、テキストを選択したまま文字スタイルパネルの[なし]をクリックして、文字スタイルとのリンクを解除しておく**06-6**。これは、後ほど先頭文字スタイルとしてこの文字スタイルを指定するため、文字スタイルの二重掛けを避けるためだ。

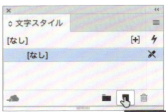
06-2 [新規スタイルを作成]ボタンをクリック

06-3 「文字スタイル1」をダブルクリックする

06-4 [スタイル名]を「太字」と入力

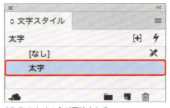
06-5 スタイル名が反映される

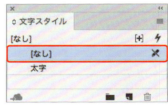
06-6 文字スタイルパネルの[なし]をクリック

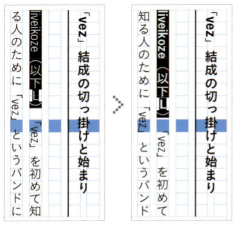
06-1 「liveikoze（以下L）」：[フォント]を「こぶりなW6+NewsGothic」に変更

ダブルミニュートを設定する

07 本文最終段20行目のダブルクォートをダブルミニュートに置換する。まず、縦組み文字ツールでダブルクォートを選択し**07-1**、字形パネルメニュー→"等幅全角字形"を選択する**07-2**。さらに、[字形]パネルで[表示]に[選択された文字の異体字を表示]を選択し、目的のダブルミニュートをダブルクリックすると**07-3**、置換できる**07-4**。なお、[自動縦中横設定]ダイアログで、[欧文を含める]がオフの場合には、字形パネルメニュー→"等幅全角字形"を選択するだけでOKだ。同様の手順で、受けのダブルクォートもダブルミニュートに置換する**07-5**。

07-3 ダブルミニュートをダブルクリックする

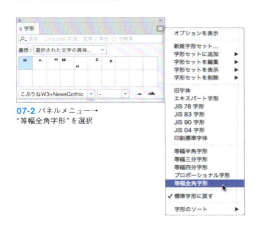

07-1 ダブルクォートを選択

07-2 パネルメニュー→"等幅全角字形"を選択

07-4 ダブルクォートがダブルミニュートに置換

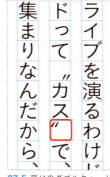

07-5 受けのダブルクォートもダブルミニュートに置換

Attention　CSとCCのダブルミニュート

注意 CC以降のバージョンでは、ダブルクォートをダブルミニュートにするには「等幅半角字形」を設定すればよいが、CS6では動作が異なる。そもそも、ダブルクォートを流し込んだときの組版結果が異なるため、字形パネルの[表示]を[選択された文字の異体字を表示]に変更して、目的の字形に置換する。
なお、CC以降では環境設定の[組版]で[縦組み用の引用符を使用]、CS6では環境設定の[組版]で[縦組み中で引用符を回転]がオンになっていないと、作例のような動作にならないので注意したい。デフォルト設定では、どちらもオンになっている。

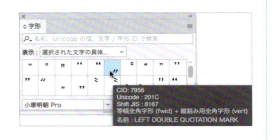

ケーススタディ 雑誌（見開き）

06 先頭文字スタイルの設定

対談テキストの名前部分に異なる書式を適用したい場合、文字スタイルを作成して手作業で適用すると手間が掛かってしまう。このような場合は、段落スタイル内に先頭文字スタイルを設定して運用すると便利。

先頭文字スタイルを指定する

01 ここでは、先頭文字スタイルの機能を利用して、対談テキストの名前部分に文字スタイル「太字」を適用してみたい。まず、何も選択されていないことを確認して、段落スタイルパネルの段落スタイル「本文」をダブルクリックする**01-1**。「段落スタイルの編集」ダイアログが表示されるので、左側のリストから［ドロップキャップと先頭文字スタイル］を選択し、［新規スタイル］ボタンをクリックする**01-2**。先頭文字スタイルが新しく指定可能になるので、まず一番左側のプルダウンメニュー→文字スタイル「太字」を選択する。次に、テキストフィールドに全角スペースを入力する**01-3**。こうすることで、段落の先頭から全角スペースが出てくる所までの文字に対して、自動的に文字スタイル「太字」が適用されることになる。［OK］ボタンをクリックすると、段落スタイル「本文」を適用していたテキストすべてに先頭文字スタイルが適用される**01-4**。手作業で行うよりもぐっと作業時間を短縮でき、あとからテキストを編集した際にも、自動的に文字スタイルが適用される非常に便利な機能だ。

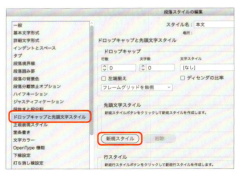

01-2 ［ドロップキャップと先頭文字スタイル］を選択し、［新規スタイル］ボタンをクリック

01-3 文字スタイル「太字」を選択し、テキストフィールドに全角スペースを入力

01-1 ［本文］をダブルクリック

01-4 先頭文字スタイルが適用される

Memo 先頭文字スタイルの設定フィールド

先頭文字スタイルの設定フィールドでは、一番右のプルダウンメニューに［を含む］と［で区切る］のいずれかを選択可能。［を含む］を選択すると、テキストフィールドに入力した文字に対しても文字スタイルが適用され、［で区切る］を選択すると、テキストフィールドに入力した文字には文字スタイルが適用されない。なお、テキストフィールドには直接文字を入力するだけでなく、プルダウンメニューから任意のメタ文字を指定することもできる。

07 画像の配置と回り込みの設定

ケーススタディ 雑誌（見開き）

画像を配置し、回り込みを設定する

01 画像を配置する前に、新しくレイヤーを追加しておく。レイヤーパネルで［新規レイヤーを作成］ボタンをクリックする**01-1**。新規レイヤーが作成されるので、そのレイヤーをダブルクリックする**01-2**。「レイヤーオプション」ダイアログが表示されたら、［名前］を「photo」と入力して［OK］ボタンをクリックすると**01-3**、レイヤー名が反映される**01-4**。

01-1 ［新規レイヤーを作成］ボタンをクリック

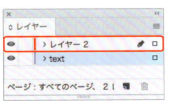

01-2 「レイヤー 2」をダブルクリックする

01-3 レイヤーの［名前］を「photo」と入力

01-4 レイヤー名が反映される

画像がテキストに重なる場合は回り込みを設定するが、任意のテキストフレームのみに、回り込みを適用しない、といった設定も可能だ。また、効果パネルの［描画モード］を変更することで、面白い効果を得ることもできる。

02 長方形フレームツールに持ち替え、「photo」レイヤーを選択した状態から、右ページ上でドラッグしてグラフィックフレームを作成する。ここでは、［基準点］に左上を選択し、位置とサイズを「X：210mm、Y：25.5mm、W：213mm、H：183mm」とした**02**。

02 グラフィックフレームの位置とサイズを「X：210mm、Y：25.5mm、W：213mm、H：183mm」とした

03 グラフィックフレームを選択した状態で、ファイルメニュー→"配置..."を実行する**03-1**。「配置」ダイアログが表示されるので、「top.psd」を選択して［開く］ボタンをクリックする**03-2**。グラフィックフレーム内に画像が配置される**03-3**。

03-1 ファイルメニュー→"配置..."を実行

ケーススタディ

03-2 「top.psd」を選択

03-3 画像が配置される

04 グラフィックフレームを選択したまま、コントロールパネルの[フレームに均等に流し込む]ボタンをクリックする**04-1**。グラフィックフレーム内に余白が出ない状態で、画像の縦または横のサイズがグラフィックフレームぴったりのサイズに変更されるので**04-2**、ダイレクト選択ツールに持ち替え、画像の左右の位置を調整する**04-3**。

※作例の画像は解像度が足りていませんが、実際の作業では解像度も考慮してください。

04-1 [フレームに均等に流し込む]ボタンをクリック

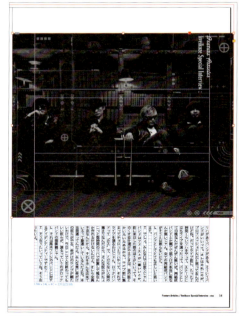

04-2 画像がグラフィックフレームぴったりのサイズに変更される

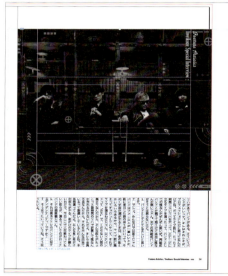

04-3 ダイレクト選択ツールで画像の左右の位置を調整

 画像の左右または天地を動かさずに位置を調整したい場合には、shiftキーを押しながらドラッグする。

05 一度選択を解除し、今度は選択ツールで画像を選択し、テキストの回り込みパネルの［境界線ボックスで回り込む］ボタンをクリックする**05-1**。すると、画像の矩形を基準にしてテキストが回り込む**05-2**。

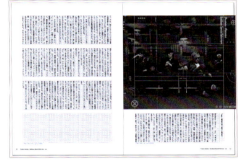

05-2 画像の矩形を基準にしてテキストが回り込む

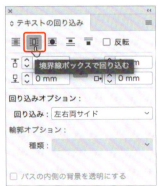

05-1 ［境界線ボックスで回り込む］ボタンをクリック

Attention ［テキストの回り込み］を実行する際の注意点

注意　［テキストの回り込み］を実行する際には、必ずグラフィックフレームを選択した状態で行う。ダイレクト選択ツールで画像を選択した場合には、中の画像を基準に回り込みが実行されてしまうので要注意。

06 今度は、左ページにグラフィックフレームを作成する。ここでは、［基準点］に下中央を選択し、位置とサイズを「X：104.125mm、Y：153mm、W：61.75mm、H：78.75mm」とした**06-1**。このグラフィックフレームに画像ファイル「高木フトシ.psd」を配置する**06-2**。コントロールパネルの［フレームに均等に流し込む］ボタンをクリックして画像のサイズを調整する**06-3**。

※作例の画像は解像度が足りていませんが、実際の作業では解像度も考慮してください。

06-2 画像ファイル「高木フトシ.psd」を配置

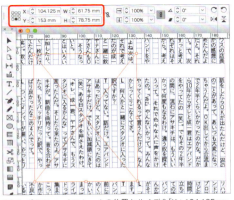

06-1 グラフィックフレームの位置とサイズを「X：104.125mm、Y：153mm、W：61.75mm、H：78.75mm」とした（基準点：下中央）

画像の配置と回り込みの設定　　**07**　　187

ケーススタディ

06-3 [フレームに均等に流し込む]ボタンをクリックして画像のサイズを調整

07-2 テキストが回り込む

07 グラフィックフレームを選択した状態で、テキストの回り込みパネルの[境界線ボックスで回り込む]ボタンをクリックし、上下左右の[オフセット]を指定する。ここでは[上オフセット：3.25mm]、[下オフセット：9.75mm]、[左オフセット：4mm]、[右オフセット：4mm]とした07-1。指定した値でテキストが回り込む07-2。

キャプションを作成する

08 次に、この画像の下にキャプションを作成する。段落スタイルに[基本段落]が選択された状態で、横組み文字ツールでドラッグしてプレーンテキストフレームを作成する。ここでは、[基準点]に左上を選択し、位置とサイズを「X：73.25mm、Y：154mm、W：61.75mm、H：5.5mm」とした08。

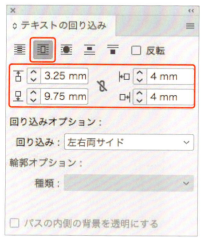

07-1 [境界線ボックスで回り込む]ボタンをクリックし、上下左右の[オフセット]を指定

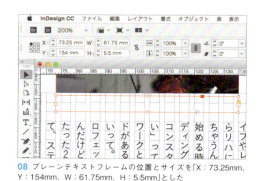

08 プレーンテキストフレームの位置とサイズを「X：73.25mm、Y：154mm、W：61.75mm、H：5.5mm」とした

09 「B_その他.txt」内のキャプション部分のテキストをコピーしたら、作成したテキストフレーム内にペーストする。しかし、ペーストしたテキストは、回り込みの影響を受けてしまい、あふれた状態になる**09-1**。そこで、このテキストフレームを選択した状態で、オブジェクトメニュー→"テキストフレーム設定..."を選択する**09-2**。すると、「テキストフレーム設定」ダイアログが表示されるので、[テキストの回り込みを無視]にチェックを入れる**09-3**。これにより、このテキストフレームのみ、回り込みの影響を受けなくなるという訳だ。[OK]ボタンをクリックすると、テキストが表示される**09-4**。

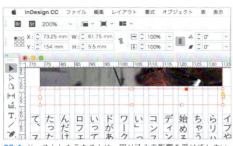

09-1 ペーストしたテキストは、回り込みの影響を受けてしまい、あふれた状態になる

09-2 オブジェクトメニュー→"テキストフレーム設定..."を選択

09-3 [テキストの回り込みを無視]にチェック

09-4 テキストが表示される

10 表示されたテキストを選択して、書式を整える。ここでは、[フォント：こぶりなW3+NewsGothic]、[フォントサイズ：9Q]、[行送り：13H]とする**10**。

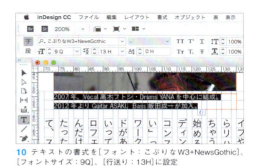

10 テキストの書式を[フォント：こぶりなW3+NewsGothic]、[フォントサイズ：9Q]、[行送り：13H]に設定

リード部分を作成する

11 右ページの画像の上に横組み文字ツールでプレーンテキストフレームを作成する。ここでは、[基準点]に左上を選択し、位置とサイズを「X：231.75mm、Y：173mm、W：168.25mm、H：25mm」とする**11**。

11 プレーンテキストフレームの位置とサイズを「X：231.75mm、Y：173mm、W：168.25mm、H：25mm」とする

ケーススタディ

12 「B_その他.txt」内のリード部分のテキストをコピーしたら、作成したテキストフレーム内にペーストする。しかし、ペーストしたテキストは、回り込みの影響を受けてしまい、あふれた状態になる**12-1**。そこで、先程と同様、「テキストフレーム設定」ダイアログの[テキストの回り込みを無視]にチェックを入れ、テキストを表示させる**12-2**。

12-1 ペーストしたテキストは、回り込みの影響を受けてしまい、あふれた状態になる

12-2 [テキストの回り込みを無視]にチェックを入れ、テキストを表示させる

13 表示されたテキストを選択して、書式を整える。ここでは、[フォント：こぶりなW6+NewsGothic]、[フォントサイズ：24Q]、[行送り：38H]、[塗り：紙色]とする**13**。

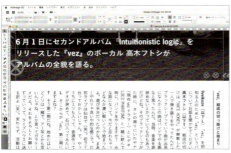

13 テキストの書式を[フォント：こぶりなW6+NewsGothic]、[フォントサイズ：24Q]、[行送り：38H]、[塗り：紙色]とする

14 今度は、他のドキュメントから[文字組みアキ量設定]を読み込み、テキストに適用する。段落パネルの[文字組み]から[基本設定]を選択する**14-1**。「文字組みアキ量設定」ダイアログが表示されるので[読み込み...]ボタンをクリックする**14-2**。[開く]ダイアログが表示されるので、InDesignドキュメント「アキ量設定サンプル.indd」を選択して[開く]ボタンをクリックする**14-3**。「文字組みアキ量設定」ダイアログに戻るので、[OK]ボタンをクリックしてダイアログを閉じる。[文字組みアキ量設定]が読み込まれているので、段落パネルの[文字組み]に「約物ツメ用」を選択してテキストに適用する**14-4**。

14-1 [文字組み]から[基本設定]を選択

14-2 [読み込み]ボタンをクリック

14-3 「アキ量設定サンプル.indd」を選択

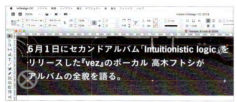

14-4 ［文字組み］から［約物ツメ］を選択し、テキストに適用する

15 さらにテキストに対して、文字パネルメニュー→"OpenType機能"→"プロポーショナルメトリクス"を適用して字間を詰める**15**。

15 文字パネルメニュー→"OpenType機能"→"プロポーショナルメトリクス"を適用

画像を配置し、効果を適用する

16 右ページの画像の上に、さらにロゴの画像を配置する。ファイルメニュー→"配置…"を実行する**16-1**。「配置」ダイアログが表示されるので、「vez.psd」を選択して［開く］ボタンをクリックする**16-2**。マウスポインターが画像を保持していることを表すアイコンに変化するので、任意の場所をクリックして画像を原寸で配置する。ここでは、［基準点］に左上を選択し、画像の位置を「X：231.75mm、Y：142mm」とする**16-3**。

16-1 ファイルメニュー→"配置…"を実行

16-2 「vez.psd」を選択

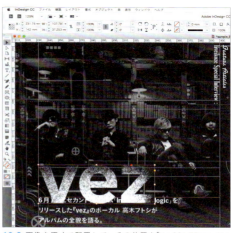

16-3 画像を原寸で配置して、その位置を「X：231.75mm、Y：142mm」とする

ケーススタディ

17 配置した画像を選択ツールで選択した状態で、効果パネルの[描画モード]を[通常]から[差の絶対値]に変更する**17-1**。すると、画像に描画モードが適用される**17-2**。

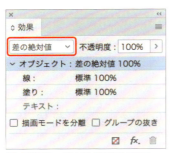

17-1 [描画モード]を[差の絶対値]に変更

17-2 画像に描画モードが適用される

18 レイヤーパネルで「text」レイヤーを選択し、もう一度、同じ画像を左ページに原寸で配置する。ここでは、[回転角度]を「−90°」に設定し、さらに[基準点]に右上を選択し、画像の位置を「X：209mm、Y：44mm」とする**18**。

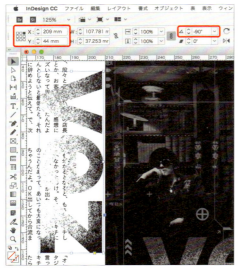

18 同じ画像を左ページに原寸で配置し、[回転角度：−90°]、[X：209mm]、[Y：44mm]（基準点：右上）とする

19 画像を選択したまま、オブジェクトメニュー→"重ね順"→"最背面へ"を実行して**19-1**、画像を本文テキストの最背面に移動する**19-2**。

19-1 オブジェクトメニュー→"重ね順"→"最背面へ"を実行

19-2 画像を本文テキストの背面に移動する

08 仕上げ

ケーススタディ 雑誌（見開き）

最後に、左ページにCDジャケットの画像やテキストを配置して書式を整える。作例では、3つのテキストフレームに分けて作業しているが、できるだけテキストフレームは分けずに作業するのがお勧めだ。

ジャケット部分を作成する

01 長方形ツールで左ページの左下に長方形を描画し、[線：なし]、[塗り：C＝10 M＝10 Y＝40 K＝0]に設定する。また、オブジェクトの位置とサイズは、[基準点]に左上を選択した状態で、「X：20mm、Y：216.75mm、W：65mm、H：48.75mm」とする**01**。

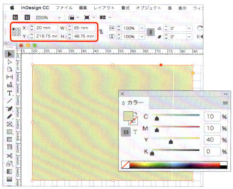

01 長方形のカラー、位置とサイズを設定

02 長方形フレームツールに持ち替え、グラフィックフレームを作成する。ここでは、[基準点]に左上を選択し、位置とサイズを「X：26mm、Y：222.75mm、W：29mm、H：29mm」とする**02-1**。このグラフィックフレームに画像「jacket.psd」を配置し、位置やサイズを調整する**02-2**。

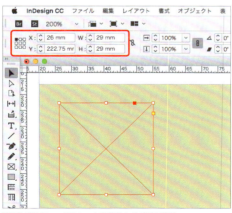

02-1 グラフィックフレームの位置とサイズを設定

02-2 画像「jacket.psd」を配置し、位置やサイズを調整

03 横組み文字ツールで、プレーンテキストフレームを3つ作成し、「B_その他.txt」から目的のテキストをそれぞれコピー＆ペーストする。それぞれのテキストフレームの位置とサイズは、[基準点]に左上を選択し、それぞれ位置とサイズを以下のように設定した**03-1**。1つ目「X：58mm、Y：222.75mm、W：25mm、H：29mm」、2つ目「X：26mm、Y：254.75mm、W：57mm、H：4.75mm」、3つ目「X：20mm、Y：269mm、W：65mm、H：3mm」。

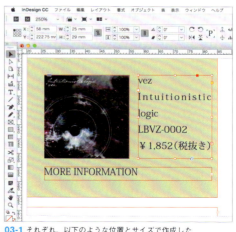

03-1 それぞれ、以下のような位置とサイズで作成した
1つ目「X：58mm、Y：222.75mm、W：25mm、H：29mm」
2つ目「X：26mm、Y：254.75mm、W：57mm、H：4.75mm」
3つ目「X：20mm、Y：269mm、W：65mm、H：3mm」

ケーススタディ

04 それぞれ、以下のようにテキストの書式を整える**04**。

「vez
Intuitionistic logic」
：［フォント：こぶりなW6+NewsGothic］、
　［フォントサイズ：10Q］、［行送り：10H］、
　［段落後のアキ（2行目のみ）：1.5mm］

「LBVZ-0002
　￥1,852（税抜き）
　2014.06.01 IN STORES」
：［フォント：こぶりなW3+NewsGothic］、
　［フォントサイズ：7Q］、［行送り：8H］、
　［段落後のアキ（3行目のみ）：1mm］

「1. Sense of you
　2. Neon
　3. Algebra
　4. E
　5. Broken symmetry
　6. Molecules to separate
　7. 杯」
：［フォント：こぶりなW3+NewsGothic］、
　［フォントサイズ：8Q］、［行送り：9H］

「MORE INFORMATION」
：［フォント：こぶりなW6+NewsGothic］、
　［フォントサイズ：9Q］、［行送り：10H］
「vez official website　http://vez.jp/」
：［フォント：こぶりなW6+NewsGothic］、
　［フォントサイズ：9Q］、［行送り：10H］、
　［［黒］濃淡：60%］

「INTERVIEW by」
：［フォント：こぶりなW6+NewsGothic］、
　［フォントサイズ：12Q］
「liveikoze http://liveikoze.com/」
：［フォント：こぶりなW6+NewsGothic］、
　［フォントサイズ：12Q］、［C0／M100／Y100／K0］

04 テキストの書式を整える

05 最後に、長方形ツールで最背面にページ全面を覆う長方形を描画し、［線：なし］、［塗り：C＝5 M＝5 Y＝0 K＝5］に設定する。なお、オブジェクトの位置とサイズは、［基準点］に左上を選択した状態で、「X：−3mm、Y：−3mm、W：426mm、H：303mm」とする**05**。

05 最背面に［塗り］：C＝5 M＝5 Y＝0 K＝5］の長方形を作成する

194　CHAPTER 02　雑誌（見開き）

CHAPTER 03
カ タ ロ グ

01　制作の流れ

02　新規ドキュメントの作成

03　マスターページを設定する

04　背景とヘッダーを作成する

05　フレーム枠を作成する

06　画像を配置し、位置を調整する

07　テキストを配置し、段落スタイルを作成する

08　オブジェクトスタイルを運用する

ケーススタディ
カタログ
01 制作の流れ

DLデータ
Id_Pro > Chapter03

塗りや線といったオブジェクトの属性は、オブジェクトスタイルとして運用すると便利だ。また、オブジェクトスタイル内に段落スタイルを指定しておき、さらに段落スタイル内に[次のスタイル]を指定しておけば、ワンクリックするだけで、テキストに複数の段落スタイルを適用することも可能。この作例のように、繰り返しの多い作業で力を発揮する。

完成作例

ワークフローと使用機能

02 新規ドキュメントの作成 (P.198)
→［新規マージン・段組］＋［レイヤー］

03 マスターページを設定する (P.199)
→［基準マスター］

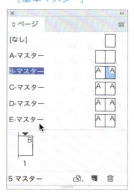

04 背景とヘッダーを作成する (P.201)
→［レイヤー］

05 フレーム枠を作成する (P.203)
→［繰り返し複製］＋［効果］＋［オブジェクトスタイル］

06 画像を配置し、位置を調整する (P.206)
→［繰り返し複製］＋［オブジェクトサイズの調整］

07 テキストを配置し、段落スタイルを作成する (P.209)
→［段落スタイル］＋［次のスタイル］

08 オブジェクトスタイルを運用する (P.213)
→［オブジェクトスタイル］

ケーススタディ カタログ

02 新規ドキュメントの作成

版面を設定する

01 まず、新規ドキュメントを作成する。ファイルメニュー→"新規"→"ドキュメント..."を選択して**01-1**、「新規ドキュメント」ダイアログを表示させる。ここでは、A4サイズのカタログを作成したいので、目的に合わせて各項目を設定する**01-2**。なお、[ページ数]は後から自由に追加できるので、ここではとりあえず「1」のままでかまわない。設定できたら、[マージン・段組...]ボタンをクリックする。

01-1 ファイルメニュー→"新規"→"ドキュメント..."を選択

01-2 [ドキュメントプロファイル：印刷]、[ページサイズ：A4]、[方向：縦置き]、[綴じ方：左綴じ]、[ページ数：1]、[開始ページ番号：1]、[見開きページ：オン]とした

まずは、目的に応じて新規ドキュメントを作成する。あらかじめページ数が分かっている場合は[ページ数]を指定しておけばよいが、分からない場合には任意の[ページ数]を指定すればOKだ。追加・削除は後から簡単にできる。

02 「新規マージン・段組」ダイアログが表示されるので、マージンと段組を設定していく。ここでは**02-1**のように設定した。[OK]ボタンをクリックすると、設定した内容で新規ドキュメントが作成される**02-2**。なお、ここで任意のファイル名を付けて、ドキュメントを一度保存しておこう。

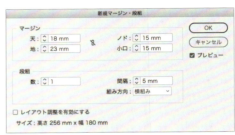

02-1 [新規マージン・段組]ダイアログの設定。ここでは、[天：18mm、地：23mm、ノド：15mm、小口：15mm]とした

02-2 新規ドキュメントが作成される

レイヤーを作成する

03 コンテンツをいくつかのレイヤーに分けた方が管理しやすいので、レイヤーパネルを表示させ、新規レイヤーを2つ追加して、それぞれ「back」、「text」、「picture」と、**03**のように名前を変更した。

03 レイヤーを計3つ作成した

ケーススタディ　カタログ

03 マスターページを設定する

親のマスターページを設定する

01 まず、ページパネルで「A-マスター」のマスターアイコンをダブルクリックして「A-マスター」に移動する。レイヤーパネルで「text」レイヤーを選択し、見開きの両ページにノンブルを作成する**01**。ここでは以下のような書式でノンブルを作成した。
［フォント：Helvetica Neue 45 Light］
［フォントサイズ：12Q］
［段落揃え：中央揃え］

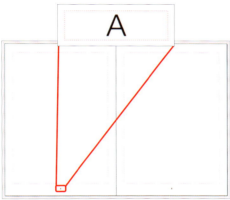

01 ノンブルを作成

02 次に右ページにツメ(Index)を作成する。ラインの［線］の［カラー：黒］、［線幅：0.2mm］、テキストの［塗り］の［カラー：黒］、［フォント：Helvetica Neue 65 Medium］、［フォントサイズ：12Q］とした**02**。

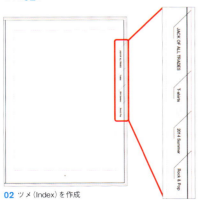

02 ツメ(Index)を作成

ツメ(Index)が必要となる場合、ツメの形状によっては親子関係を持つマスターページを作成して運用すると便利だ。すべてのページに必要なノンブルは「親」、ツメに応じて変わる要素は「子」として管理するのがお勧め。

新規でマスターページを作成する

03 新しくマスターページを作成したいので、ページパネルメニュー→"新規マスター..."を選択する**03-1**。「新規マスター」ダイアログが表示されるので、［基準マスター］に「A-マスター」を選択し、［OK］ボタンをクリックする**03-2**。これで、「A-マスター」を「親」に持つマスターページ「B-マスター」が作成される**03-3**。

03-1 ページパネルメニュー→"新規マスター..."を選択

03-2 ［基準マスター］に「A-マスター」を選択

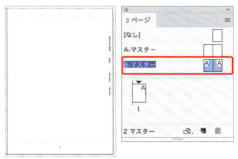

03-3 「B-マスター」が作成される

ケーススタディ

04 「B-マスター」に移動し、「A-マスター」のツメと同じ位置に、赤いカラーでラインとテキストオブジェクト「JACK OF ALL TRADES」を作成する(「A-マスター」の一番上のツメと同じもの)**04**。[線]とテキストの[塗り]の[カラー]は「C＝0 M＝100 Y＝0 K＝0」とした。

04 B-マスター（ラインと「JACK OF ALL TRADES」の色を変更）

 マスターページが親子関係にあるかどうかはページパネルのマスターアイコンの表示で確認できる。例えば、アイコンに「A」と表示されていたら、そのマスターページは「A-マスター」を「親」に持つことを表しており、何も表示されていない場合は親子関係を持つマスターページは存在しないことを表す。同様にページアイコンに表示される文字は、そのページに適用されているマスターページを表す。「B」と表示されていたら「B-マスター」が適用されているという意味となる。

05 同様の手順で「A-マスター」を「親」に持つ、「C-マスター」、「D-マスター」、「E-マスター」を作成し、それぞれ「C＝0 M＝100 Y＝0 K＝0」のカラーで「T-shirts」、「2014 Summer」、「Rock & Pop」のツメを作成する**05-1**／**05-2**／**05-3**。

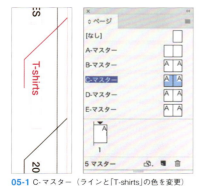

05-1 C-マスター（ラインと「T-shirts」の色を変更）

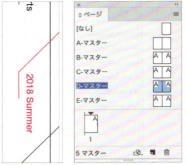

05-2 D-マスター（ラインと「2018 Summer」の色を変更）

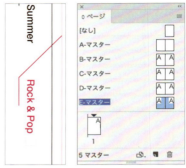

05-3 E-マスター（ラインと「Rock & Pop」の色を変更）

06 ドキュメントページの最初のページを表示させ、「B-マスター」のアイコンをドラッグして「1」ページ目のアイコンに重ねる**06-1**。すると、「1」ページ目に「B-マスター」が適用される**06-2**。

06-1 「B-マスター」のアイコンをドラッグして「1」ページ目のアイコンに重ねる

06-2 「1」ページ目に「B-マスター」が適用される

> ケーススタディ
> カタログ

04 背景とヘッダーを作成する

背景に使用する画像を配置し、ヘッダー部分の見出しとリードのテキストをペーストして、書式を整える。なお、テキストが欧文のみの場合は、文字パネルの［言語］を「英語」にしておくのがお勧め。

背景画像と見出し・リードテキストを配置し、書式を整える

01 レイヤーパネルで「back」レイヤーを選択し**01-1**、「1」ページ目の上部に画像「map.ai」を配置する**01-2**。

01-1 「back」レイヤーを選択

01-2 画像「map.ai」を配置

02 次に、テキストエディターで「C.txt」を開き、ヘッダー部分のテキストをコピーする**02-1**。InDesignに切り換え、レイヤーパネルで「text」レイヤーを選択したら**02-2**、横組み文字ツールでプレーンテキストフレームを作成し、コピーしたテキストをペーストする**02-3**。続けて、ペーストしたテキストの書式を**02-4**のように整える。

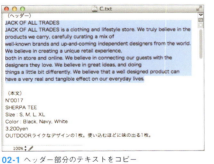

02-1 ヘッダー部分のテキストをコピー

02-2 「text」レイヤーを選択

02-3 コピーしたテキストをペースト

ケーススタディ

［フォント：Helvetica Neue 65 Medium］、
［フォントサイズ：64Q］、［行送り：74H］

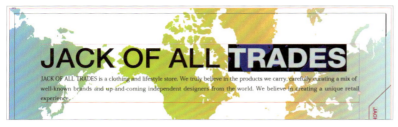

［フォント：Helvetica Neue 85 Heavy］、
［フォントサイズ：64Q］、［行送り：74H］

［フォント：Helvetica Neue 35 Thin］、
［フォントサイズ：11Q］、［行送り：17H］

02-4 テキストの書式を整える

Technique 文字パネルの［言語］の欧文設定

テキストが欧文のみの場合、文字パネルの［言語］を「日本語」から「英語：米国」などに変更しておくとよい。［言語］を設定することで、欧文スペルチェックやハイフン処理なども実行できる。

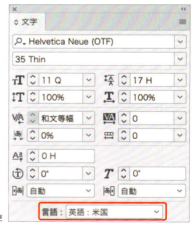

文字パネルの［言語］を
「英語：米国」などに変更

202　CHAPTER 03　カタログ

05 フレーム枠を作成する

ケーススタディ
カタログ

塗りや線、効果など、同じ属性を持つフレームを複数作成する場合には、オブジェクトスタイルとして作成して運用すると効率的だ。ワンクリックで同じ属性を適用できるだけでなく、修正にも素早く対応できる。

フレーム枠を複製する

01 次に、画像やテキストを配置するためのフレーム枠を、ページ内に8つ作成する。レイヤーパネルで「text」レイヤーを選択した状態で、長方形ツールに持ち替え、ドキュメント上をクリックする。すると、「長方形」ダイアログが表示されるので、[幅：87.5mm]、[高さ：49mm]とし、[OK]ボタンをクリックする**01-1**。ドキュメント上に長方形が作成されるので、基準点に左上を選択した状態で[X：15mm]、[Y：60mm]に設定する**01-2**。

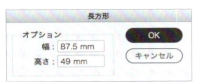

01-1 [幅：87.5mm]、[高さ：49mm]の長方形を作成

01-2 長方形の位置を[X：15mm] [Y：60mm]に設定

02 次に、この長方形が選択された状態で、編集メニュー→"繰り返し複製..."を選択する**02-1**。すると、「繰り返し複製」ダイアログが表示されるので、[グリッドとして作成]にチェックを入れ、[行：4]、[段数：2]、[垂直方向：55mm]、[水平方向：92.5mm]に設定して[OK]ボタンをクリックする**02-2**。指定した位置に指定した数だけオブジェクトが複製される**02-3**。

02-1 編集メニュー→"繰り返し複製..."を選択

02-2 各項目を設定

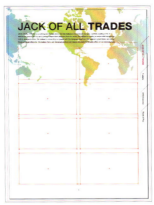

02-3 オブジェクトが複製される

03 いずれかの長方形を1つ選択し、[線幅]を「0.3mm」、[線の位置]を[線を外側に揃える]に変更する**03-1**。また、[塗り：紙色]、[線：黒]に設定する**03-2**。

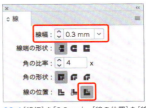

03-1 [線幅]を「0.3mm」、[線の位置]を[線を外側に揃える]に変更

03-2 長方形を[塗り：紙色]、[線：黒]に設定

ケーススタディ

Technique オブジェクトを均等の間隔で複製する方法

テクニック

オブジェクトを均等の間隔で複製する場合、[繰り返し複製]コマンドを実行する以外にも、ドラッグコピーで複製する方法もある。option〔Alt〕キーを押しながらオブジェクトをドラッグコピーする際に、マウスを離さず矢印キーを押せばOKだ。押すキーの方向や数によって、コピーされるオブジェクトの行数や列数が変わっていく。
なお、オブジェクトを描画中に矢印キーを押すと、等間隔で同じサイズのオブジェクトを描画することも可能。この場合、オブジェクトとオブジェクトの間隔は、レイアウトメニュー→"マージン・段組…"を選択して表示させる「マージン・段組」ダイアログの[間隔]に指定された値、あるいはレイアウトメニュー→"レイアウトグリッド設定…"を選択して表示させる「レイアウトグリッド設定」ダイアログの[段間]に指定された値が参照される。

効果を設定する

04 オブジェクトが何も選択されていない状態から、カラーパネルで[黒]スウォッチの[濃淡]を「25%」に設定し、カラーパネルメニュー→"スウォッチに追加"を実行する**04-1**。すると、スウォッチパネルにスウォッチとして登録される**04-2**。

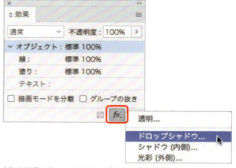

05-1 効果パネルから"ドロップシャドウ"を選択

04-1 カラーパネルメニュー→"スウォッチに追加"を実行

04-2 スウォッチに登録される

05-2 [モード：乗算]、[カラー：黒25%スウォッチ]、[不透明度：100%]、[Xオフセット]と[Yオフセット]を「1.5mm」、[サイズ：0mm]、[スプレッド：100%]とした

05 先程、[線幅]と[線の位置]を設定した長方形を選択し、効果パネル、あるいはコントロールパネルから"ドロップシャドウ"を選択する**05-1**。「効果」ダイアログが表示されるので、各項目を設定して[OK]ボタンをクリックする**05-2**。選択していた長方形に、指定した値でドロップシャドウが適用される**05-3**。

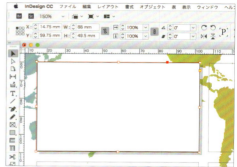

05-3 長方形にドロップシャドウが適用される

オブジェクトスタイルとして登録する

06 次に、ドロップシャドウを適用したオブジェクトの属性をオブジェクトスタイルとして登録する。ドロップシャドウを適用した長方形を選択したまま、オブジェクトスタイルパネルの［新規スタイルを作成］ボタンをクリックする**06-1**。すると「オブジェクトスタイル1」という名前で新しくオブジェクトスタイルが作成される**06-2**。しかし、選択しているオブジェクトとこのオブジェクトスタイルはまだ関連付け（リンク）されていない。そこで、このスタイルとの関連付け（リンク）と名前の変更を一気に行うために、スタイル名をダブルクリックする。「オブジェクトスタイルオプション」ダイアログが表示されるので、任意の［スタイル名］を入力する**06-3**。ここでは「商品枠」とした。［OK］ボタンをクリックすると、スタイル名に反映される**06-4**。

06-3 ［スタイル名］を「商品枠」とした

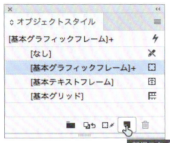

06-1 ［新規スタイルを作成］ボタンをクリック

06-4 スタイル名に反映される

07 残りの7つの長方形を選択し、オブジェクトスタイル「商品枠」をクリックする。すると、ドロップシャドウなどの「商品枠」の属性が適用される**07**。

06-2 「オブジェクトスタイル1」が作成される

07 「商品枠」の属性が適用される

Memo　オブジェクトスタイルの登録

塗りや線、効果といったオブジェクトの属性をオブジェクトスタイルとして登録することで、他のオブジェクトにも同じ属性を素早く適用できる。また、オブジェクトの属性を変更する必要が生じた場合でも、オブジェクトスタイルの内容を変更しさえすれば、そのオブジェクトスタイルを適用したオブジェクトの属性を一気に修正することができる。

ケーススタディ カタログ

06 画像を配置し、位置を調整する

InDesignでは、複数の画像を一気に配置していくことが可能だ。「配置」ダイアログから配置するだけでなく、デスクトップやCCライブラリからも画像は配置可能。作業しやすい方法で配置すればOKだ。

グラフィックフレームを作成する

01 では、画像を配置しよう。まず、レイヤーパネルで「picture」レイヤーを選択しておく**01-1**。長方形フレームツールに持ち替え、任意の場所でクリックすると、「長方形」ダイアログが表示されるので[幅：41.5mm]、[高さ：49mm]と入力する**01-2**。[OK]ボタンをクリックするとグラフィックフレームが作成されるので、[基準点]に左上を選択し、[X：15mm]、[Y：60mm]と入力して、グラフィックフレームの位置を調整する**01-3**。

01-1 「picture」レイヤーを選択

01-2 グラフィックフレームを作成

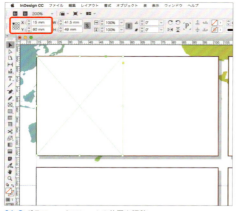

01-3 グラフィックフレームの位置を調整

02 次にグラフィックフレームを複製する。グラフィックフレームを選択したまま、編集メニュー→"繰り返し複製..."を選択する。「繰り返し複製」ダイアログが表示されるので、[グリッドとして作成]にチェックを入れ、[行：4]、[段数：2]、[垂直方向：55mm]、[水平方向：92.5mm]に設定して[OK]ボタンをクリックする**02-1**。指定した位置に指定した数だけグラフィックフレームが複製される**02-2**。

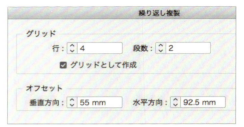

02-1 各項目を設定

02-2 グラフィックフレームが複製される

03 今度はグラフィックフレームの[塗り]を指定する。8つのグラフィックフレームを選択し、カラーパネルで[塗り]に「C＝100 M＝0 Y＝0 K＝0」のカラーを「濃淡15％」で指定する**03**。

04-2 マウスポインターが画像保持アイコンに変化する

03 「C＝15 M＝0 Y＝0 K＝0」のカラーを指定

04-3 グラフィックフレーム上をクリックして画像を配置

画像を配置する

04 次に画像を配置していく。ファイルメニュー→"配置..."を実行して［配置］ダイアログを表示させ、目的の画像を8点選択する**04-1**。［開く］ボタンをクリックすると、マウスポインターが画像保持アイコンに変化するので**04-2**、それぞれグラフィックフレーム上をクリックして**04-3**のように配置する。

 ［配置］ダイアログで複数の画像を選択するには、連続する画像の場合にはshiftキー、連続していない画像の場合にはcommand（Ctrl）キーを押しながら画像をクリックする。

05 画像をすべて配置したら、選択ツールで8つの画像すべてを選択し、コントロールパネルの［内容を中央に揃える］ボタンをクリックしておく**05**。これで、選択していた画像はグラフィックフレームの中央に配置される。

04-1 画像を8点選択

05 ［内容を中央に揃える］ボタンをクリック

Technique 画像をグラフィックフレームにフィットさせるコマンド

InDesignには、画像をグラフィックフレームにフィットさせるためのコマンドが5つ用意されている（P.108参照）。オブジェクトメニュー→"オブジェクトサイズの調整"から実行してもよいが、同じコマンドがコントロールパネルにアイコン化されて用意されているので、素早く実行したい場合には、コントロールパネルの使用がお勧め。

07 テキストを配置し、段落スタイルを作成する

同じ書式を何度も設定する場合には、段落スタイルを作成して運用するのがベストだ。しかし、段落が変わるごとに一定のパターンで書式が変わるような場合には［次のスタイル］を指定しておくと、さらに便利。

テキストフレームを作成する

01 次に、テキストを配置していく。まず、レイヤーパネルで「text」レイヤーを選択しておく**01-1**。横組み文字ツールに持ち替え、ドキュメント上をドラッグしてプレーンテキストフレームを作成する。位置とサイズは、**01-2**のように設定した。

01-1 「text」レイヤーを選択

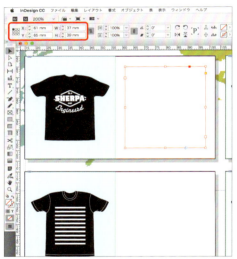

01-2 ［基準点］を左上に選択して、［X：61mm］、［Y：65mm］、［W：37mm］、［H：39mm］とした

02 次に、選択ツールでプレーンテキストフレームを選択し、編集メニュー→"繰り返し複製..."を選択する。「繰り返し複製」ダイアログが表示されるので、［グリッドとして作成］にチェックを入れ、［行：4］、［段数：2］、［垂直方向：55mm］、［水平方向：92.5mm］に設定して［OK］ボタンをクリックする**02-1**。指定した位置に指定した数だけプレーンテキストフレームが複製される**02-2**。

02-1 各項目を設定

02-2 プレーンテキストフレームが複製される

テキストをペーストする

03 テキストエディターで「C.txt」を開き**03-1**、本文用のテキストをコピーし、それぞれInDesignドキュメント上のテキストフレームにペーストしていく**03-2**。

03-1 「C.txt」を開く

03-2 それぞれのテキストフレームにペースト

04-2 編集メニュー→"検索と置換..."を実行

テキストに書式を設定する

04 ここでは、テキストに対して書式を設定していくが、「Size」で始まる行と「Color」で始まる行を同じ段落として文字組みしたいので、まず書式メニュー→"制御文字を表示"を実行して、制御文字を表示させる **04-1**。編集メニューから"検索と置換..."を選択して **04-2**、「検索と置換」ダイアログを表示させたら、[テキスト]タブを選択し、図のように設定して[すべてを置換]ボタンをクリックする **04-3**。すると、「Size」で始まる行の改行文字がすべて強制改行に置き換わる **04-4**。「^p」が「段落の終わり」を表し、「^n」が「強制改行」を表す。それぞれ、[検索文字列]と[置換文字列]の右側にある＠マークのポップアップメニューから指定できる。

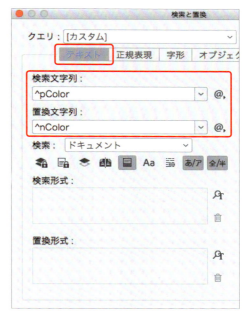

04-3 [検索文字列]と[置換文字列]を設定して置換する

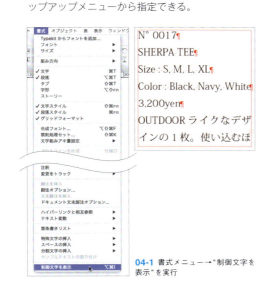

04-1 書式メニュー→"制御文字を表示"を実行

04-4 強制改行に置き換わる

05 続いて、いずれかのテキストフレーム内のテキストに対し、書式を設定する。それぞれ以下のように設定した**05**。

・1つ目の段落
  ：[フォント：Helvetica Neue 65 Medium]、
  [フォントサイズ：12Q]、[行送り：14H]、
  [カラー：C＝100 M＝0 Y＝0 K＝0]、
  [段落揃え：左揃え]
・2つ目の段落
  ：[フォント：Melbourne Regular]、
  [フォントサイズ：17Q]、[行送り：34H]、
  [カラー：黒]、
  [段落揃え：左揃え]
・3つ目の段落
  ：[フォント：Helvetica Neue 65 Medium]、
  [フォントサイズ：10Q]、[行送り：15H]、
  [カラー：黒]、
  [段落揃え：左揃え]
・4つ目の段落
  ：[フォント：Helvetica Neue 65 Medium]、
  [フォントサイズ：13Q]、[行送り：21H]、
  [カラー：C＝0 M＝100 Y＝0 K＝0]、
  [段落揃え：左揃え]
・5つ目の段落
  ：[フォント：こぶりなゴシック Std W1]、
  [フォントサイズ：9Q]、[行送り：12H]、
  [カラー：黒]、
  [段落揃え：均等配置（最終行左 / 上揃え）]、
  [OpenType 機能：プロポーショナルメトリクス]

05 テキストの書式を設定

段落境界線を設定する

06 2つ目の段落に対して段落境界線を設定する。2つ目の段落内にカーソルを置き、段落パネルメニュー→ "段落境界線..." を選択する**06-1**。「段落境界線」ダイアログが表示されるので、[前境界線]を選択し、[境界線を挿入]にチェックを入れる。次に[線幅：0.15mm]、[幅：列]、[オフセット：－1.5mm]に指定し[OK]ボタンをクリックする**06-2**。すると、段落に対して境界線が適用される**06-3**。

06-1 段落パネルメニュー→ "段落境界線..." を選択

06-2 各項目を設定

06-3 段落に対して境界線が適用される

段落スタイルを作成する

07 5つの段落に書式を設定できたら、今度はそれぞれ段落スタイルとして登録する。まず、横組み文字ツールで1つ目の段落のテキストを選択し、段落スタイルパネルの[新規スタイルを作成]ボタンをクリックする**07-1**。すると、「段落スタイル1」という名前で新しく段落スタイルが作成されるが**07-2**、この段落スタイルと選択しているテキストはまだ関連付け(リンク)されていない。そこで、このスタイル名をダブルクリックして「段落スタイルの編集」ダイアログを表示させ、[スタイル名]を入力する**07-3**。ここでは「Number」と入力した。[OK]ボタンをクリックすると、スタイル名が変更され、テキストと段落スタイルが関連付け(リンク)される**07-4**。

07-1 [新規スタイルを作成]ボタンをクリック

07-2 「段落スタイル1」が作成される

07-3 [スタイル名]を「Number」と入力

07-4 スタイル名が「Number」に変更される

08 同様の手順で、他の4つの段落の書式も段落スタイルとして登録していく。ここでは、それぞれ「Name」、「Size&Color」、「Price」、「Outline」とスタイル名を入力した**08**。なお、段落スタイルを作成し終わったら、書式を設定したテキストに対して[基本段落]を適用し、テキストの書式を設定前に戻しておこう。

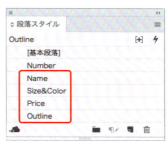
08 「Name」「Size&Color」「Price」「Outline」とスタイル名を入力

次のスタイルを設定する

09 次に[次のスタイル]を設定する。[次のスタイル]を設定することで、段落が変わった際に指定した別の段落スタイルが自動的に適用される。例えば、「A」、「B」、「C」という名前で3つの段落スタイルがあったとしよう。「A」の[次のスタイル]に「B」、「B」の[次のスタイル]に「C」を指定しておくと、1度の操作で3つの段落スタイルを一気に適用することができる。

まず、テキストが何も選択されていないことを確認して、段落スタイル「Number」をダブルクリックする。「段落スタイルの編集」ダイアログが表示されるので、[次のスタイル]を[同一スタイル]から「Name」に変更して[OK]ボタンをクリックする**09-1**。同様の手順で、「Name」の[次のスタイル]に「Size&Color」**09-2**、「Size&Color」の[次のスタイル]に「Price」**09-3**、「Price」の[次のスタイル]に「Outline」**09-4**を指定する。

ケーススタディ

09-1 「Number」の［次のスタイル］を「Name」に変更

09-3 「Size&Color」の［次のスタイル］に「Price」を指定

09-2 「Name」の［次のスタイル］に「Size&Color」を指定

09-4 「Price」の［次のスタイル］に「Outline」を指定

Technique ［次のスタイル］の適用方法

「A」、「B」、「C」という名前の3つの段落スタイルがあり、「A」の［次のスタイル］に「B」、「B」の［次のスタイル］に「C」を指定してあったとする。段落スタイルパネルで「A」を選択してテキストを入力し始めると、当然「A」の書式が適用された状態でテキストが入力される。では、続いてreturnキーを押してテキストを入力してみよう。すると、今度は「B」の書式が適用された状態でテキストが入力される。さらに、returnキーを押してテキストを入力すれば、「C」の書式が適用された状態で入力される。このように、［次のスタイル］を指定しておけば、段落が変わると自動的に書式を変更できる。

また、既に入力済みのテキストに複数の段落スタイルを適用するといったことも可能。この場合、テキストをすべて選択したら、最初の段落に適用したいスタイル名の上で右クリックする。すると、コンテキストメニューが表示されるので、「"A（スタイル名）"を適用して次のスタイルへ」を実行すればOKだ。「A」、「B」、「C」と3つの段落スタイルが一気に適用される。

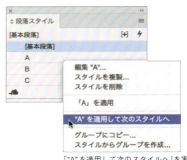

「"A"を適用して次のスタイルへ」を実行

このように［次のスタイル］は、「A→B→C」といったように、段落単位で段落スタイルがトグルして切り替わっていくような場合には便利な機能だが、「A→B→B→C」といったような場合には、残念ながら使用できない。このようなケースで複数の段落スタイルを一気に適用したい場合には、有料のプラグインなどを使用する必要がある。

ケーススタディ
カタログ

08 # オブジェクトスタイルを運用する

オブジェクトスタイルは塗りや線、効果といったオブジェクト属性をスタイルとして運用する機能だ。しかし、オブジェクトスタイル内には段落スタイルを指定することもできるため、さらに高度な運用も可能となる。

オブジェクトスタイルを作成する

01 次に、オブジェクトスタイルを作成する。選択ツールでいずれかのプレーンテキストフレームを選択し、オブジェクトスタイルパネルの[新規スタイルを作成]ボタンをクリックする**01-1**。「オブジェクトスタイル1」という名前で新しくオブジェクトスタイルが作成されるが**01-2**、このオブジェクトスタイルと選択していたテキストフレームはまだ関連付け（リンク）されていない。そこで、このスタイル名をダブルクリックして「オブジェクトスタイルオプション」ダイアログを表示する。[スタイル名]に「商品テキスト」と入力し、左側のリストから[段落スタイル]をオンにして選択する。

[段落スタイル]が指定可能になるので、テキストの最初の段落に適用する段落スタイル「Number」を指定する。また、[次のスタイルを適用]にもチェックを入れておく**01-3**。[OK]ボタンをクリックすると、「警告」ダイアログが表示されるが、そのまま[OK]ボタンをクリックする**01-4**。

スタイル名が変更され、テキストとオブジェクトスタイルが関連付け（リンク）されるとともに、テキストに対して5つの段落スタイルが一気に適用される**01-5**。

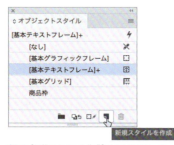

01-1 [新規スタイルを作成]ボタンをクリック

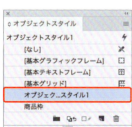

01-2 「オブジェクトスタイル1」が作成される

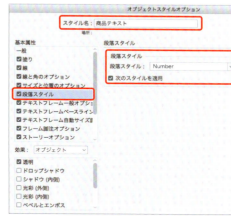

01-3 各項目を設定

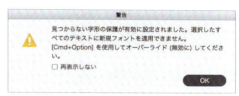

01-4 「警告」ダイアログが表示される

01-5 5つの段落スタイルが一気に適用される

ケーススタディ

オーバーライドを消去する

02 5つ目の段落を見てみると、適用された書式が部分的におかしいところがある。これは、5つの段落スタイルで指定しているフォントに、欧文フォントと和文フォントが混在している場合に起こる不具合だ（欧文フォントのみ、あるいは和文フォントのみを使用した場合には起こらない）。仕方がないので、5つ目の段落内にカーソルを置き**02-1**、段落スタイルパネルの段落スタイル「Outline」をoption〔Alt〕キーを押しながらクリックする**02-2**。これで、オーバーライドが消去され、本来あるべき書式に修正される**02-3**。

02-1 5つ目の段落内にカーソルを置く

02-2 「Outline」をoption〔Alt〕キーを押しながらクリック

02-3 本来あるべき書式に修正される

 オーバーライドの消去は、段落スタイルパネルメニュー→"オーバーライドの消去"からも実行可能。

オブジェクトスタイルを適用する

03 では、残りのテキストに対して、書式を適用していこう。選択ツールで残り7つのプレーンテキストフレームを選択し、オブジェクトスタイルパネルでオブジェクトスタイル「商品テキスト」をクリックする**03-1**。すると、「警告」ダイアログが表示されるが、選択しているすべてのテキストフレーム内のテキストに対し、5つの段落スタイルが適用される**03-2**。

03-1 「商品テキスト」をクリック

03-2 5つの段落スタイルが適用される

04 やはり、5つ目の段落の書式がおかしいので、オーバーライドを消去し、書式を修正すればできあがりだ**04**。このように、オブジェクトスタイルとして登録しておくことで、同じパターンでテキストが流れるすべてのテキストフレームに対し、クリックするだけで複数の書式を適用していける。

04

CHAPTER 04
旅行パンフレット

01 制作の流れ

02 新規ドキュメントの作成

03 ヘッダー部分を作成する

04 画像の配置とキャプションの作成

05 表を作成する

ケーススタディ

旅行パンフレット
01 制作の流れ

DLデータ

複数の画像にまとめてキャプションを設定できる「ライブキャプション」の機能や、テキスト中に画像を挿入してテキストのように扱うことができる機能、さらには、InDesignの高度な表作成機能を使って自動的に[行の高さ]をコントロールする機能など、効率化のポイントは多々ある。
ここで紹介するテクニックは違うジャンルの印刷物を制作する際にも役立つので、ぜひマスターしてほしい。

完成作例

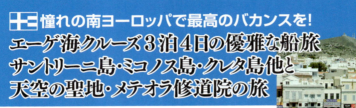

ワークフローと使用機能

02 新規ドキュメントの作成 (p.218)
→[新規マージン・段組]+[レイヤー]

03 ヘッダー部分を作成する (p.219)
→[プロポーショナルメトリクス]+[メトリクス]+[角オプション]+[文字ツメ]+[クリッピングパス]+[テキストフレーム設定]

04 画像の配置とキャプションの作成 (p.225)
→[繰り返し複製]+[ライブキャプション]

05 表を作成する (p.229)
→[表の読み込み]+[検索と置換]+[アンカー付きオブジェクト]+[パターンの繰り返し]

CASESTUDY | CHAPTER 04 | 01

制作の流れ 01 217

ケーススタディ 旅行パンフレット

02 新規ドキュメントの作成

文字組みアキ量設定を読み込む

01 新規ドキュメントを作成する前に、この作例で使用する[文字組みアキ量設定]を読み込んでおこう。ドキュメントを何も開いていない状態で読み込んでおくことで、以後、新規で作成するすべてのドキュメントで使用可能となる。ここでは、「アキ量設定サンプル.indd」というドキュメントから「約物ツメ用」という名前の文字組みアキ量設定を読み込み、選択しておく**01**。なお、読み込み方法の詳細はp.190手順**14**を参照してほしい。

01 文字組みアキ量設定「約物ツメ用」を読み込む

版面を設定する

02 新規ドキュメントを作成する。ファイルメニュー→"新規"→"ドキュメント..."を選択して、「新規ドキュメント」ダイアログを表示させる。ここでは、A4サイズのペラ物のリーフレットを作成したいので、それに合わせて各項目を設定する**02**。設定できたら、[マージン・段組...]ボタンをクリックする。

02 [ドキュメントプロファイル：印刷]、[ページサイズ：A4]、[方向：縦置き]、[ページ数：1]、[綴じ方：左綴じ]、[見開きページ：オフ]とした

ドキュメントを何も開いていない状態でさまざまな設定を読み込んでおくことで、以後、新規ドキュメントを作成する際に読み込んだ設定が自動的に使用可能となる。なお、ペラ物の印刷物の場合は、[見開きページ]はオフでOK。

03 「新規マージン・段組」ダイアログが表示されるので、マージンと段組を設定していく。ここでは**03-1**のように設定した。[OK]ボタンをクリックすると、設定した内容で新規ドキュメントが作成される**03-2**。なお、ここで任意のファイル名を付けて、ドキュメントを一度保存しておこう。

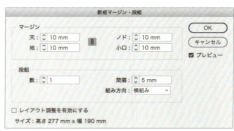

03-1 マージンの天地左右の値をすべて「10mm」に設定した

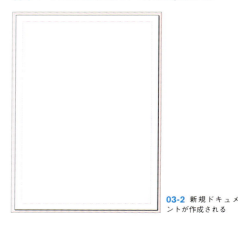

03-2 新規ドキュメントが作成される

レイヤーを作成する

04 コンテンツはレイヤー分けして管理した方が作業しやすいので、レイヤーパネルを表示させ、新規レイヤーを追加して、名前を変更しておく。ここでは、「text」と「photo」レイヤーに名前を変更した**04**。

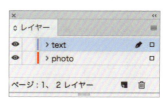

04 レイヤーの名前を変更

ケーススタディ
旅行パンフレット

03 ヘッダー部分を作成する

ヘッダー部分のテキストは詰め処理を行うことが多い。InDesignではいろいろな方法で文字詰めができるが、タイトル回りはプロポーショナル詰めがお勧めだ。プロポーショナルメトリクスやメトリクス、文字ツメなどの方法がある。

ロゴを配置する

01 まず、ドキュメントのヘッダー部分に背景となるオブジェクトを作成する。レイヤーパネルで「photo」レイヤーを選択したら、長方形ツールで**01-1**のようなオブジェクトを作成する。
次にIllustratorでファイル「logo.ai」を開き、ロゴのオブジェクトをコピーしておく**01-2**。InDesignに切り換え、レイヤーパネルで「text」レイヤーを選択したら、ペーストを実行してロゴのオブジェクトを配置し、位置を調整する**01-3**。

01-1 基準点に「左上」を選択した状態で「X：−3mm、Y：−3mm、W：216mm、H：60mm」とし、カラーは「C＝100 M＝25 Y＝0 K＝0」とした

01-2 ロゴのオブジェクトをコピー

01-3 ロゴのオブジェクトを配置し、位置は基準点に「左上」を選択した状態で「X：10mm、Y：9.1mm」とした

 このドキュメントで使用するテキストファイルは「D.txt」という名前で用意してある。実際の作業では、コピー&ペーストするなどして使用してほしい。

見出しを作成する

02 配置したロゴの横に横組み文字ツールでプレーンテキストフレームを作成し、テキストを入力する。テキストの書式は、[フォント：A-OTF 新ゴ Pro DB]、[フォントサイズ：30Q]、[塗り：紙色]とした**02-1**。次にテキストに対して、文字パネルメニュー→"OpenType機能"→"プロポーショナルメトリクス"を適用する**02-2**。すると、文字間が詰まる**02-3**。なお、プレーンテキストフレームの座標値は、基準点に「左上」を選択した状態で「X：25mm、Y：10mm」とした。

02-1 テキストの書式を設定

02-2 文字パネルメニュー→"OpenType機能"→"プロポーショナルメトリクス"を適用

02-3 文字間が詰まる

03 次にタイトル部分を作成する。プレーンテキストフレームを作成し、テキストを入力する。テキストの書式は、[フォント：FOT-筑紫B見出ミン Std E]、[フォントサイズ：40Q]、[行送り：46H]、[塗り：黒]、[線：紙色]、[線幅：0.6mm]とし、[プロポーショナルメトリクス]を適用した**03-1**。次に、文字パネルの[カーニング]から[メトリクス]を適用する**03-2**。すると、フォントの持つペアカーニング情報を基に文字間が詰まる**03-3**。なお、プレーンテキストフレームの座標値は、基準点に「左上」を選択した状態で「X：10mm、Y：20mm」とした。

ケーススタディ

憧れの南ヨーロッパで最高のバカンスを！
エーゲ海クルーズ3泊4日の優雅な船旅
サントリーニ島・ミコノス島・クレタ島他と
天空の聖地・メテオラ修道院の旅

03-1

03-2

憧れの南ヨーロッパで最高のバカンスを！
エーゲ海クルーズ3泊4日の優雅な船旅
サントリーニ島・ミコノス島・クレタ島他と
天空の聖地・メテオラ修道院の旅

03-3

「おすすめポイント」の部分を作成する

04 縦組み文字ツールでプレーンテキストフレームを作成し、「おすすめポイント」とテキストを入力する。テキストの書式は、［フォント：A-OTF 新ゴ Pro M］、［フォントサイズ：18Q］、［塗り：C＝0 M＝0 Y＝100 K＝0］とし、テキストフレームの位置とサイズは、基準点に「左上」を選択した状態で「X：11.5mm、Y：66mm、W：4.5mm、H：36mm」とした**04-1**。
次に、テキストフレームを選択したまま、段落パネルメニュー→"段落の囲み罫と背景色..."を選択する**04-2**。「段落の囲み罫と背景色」ダイアログが表示されるので、［背景色］タブを選択し、［背景色］にチェックを入れ、目的に応じて各項目を設定する**04-3**。［OK］ボタンをクリックすると、テキストフレームに背景色が適用される**04-4**。なお、CC 2017以前のバージョンの場合には、テキストフレームと背景色を別オブジェクトとして作成する必要がある。

04-1 テキストフレームを作成したら、テキストを入力し、書式を設定する

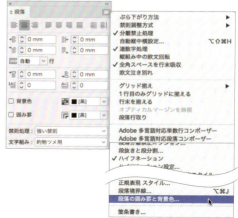

04-2 段落パネルメニュー→"段落の囲み罫と背景色..."を選択

Technique ［メトリクス］と［プロポーショナルメトリクス］

文字パネルの［カーニング］に［メトリクス］を指定すると、自動的に［プロポーショナルメトリクス］が適用され（文字パネルの［プロポーショナルメトリクス］がオンになる訳ではない）、さらにフォントの持つペアカーニング情報を基に文字間が詰まる。ペアカーニング情報とは、特定の文字の組み合わせのアキに関する情報で、「Ty」、「WA」、「yo」といったように、特定の文字が並んだ際の字間のアキを詰めるための情報だ。多くのフォントが欧文部分にペアカーニング情報を持つが、フォントによってはひらがなや片仮名部分にペアカーニング情報を持つものもある。
なお、実際の作業では、［メトリクス］を指定した際には、必ず文字パネルの［プロポーショナルメトリクス］もオンにしておく。［メトリクス］だけを適用している場合、後から手詰めすると別の箇所の字間が開いてしまうという問題があるからだ。そのため、［メトリクス］は［プロポーショナルメトリクス］とセットで使用するとものと思っておくとよい。

04-3 背景色を［カラー：C＝15 M＝100 Y＝100 K＝0］、［濃淡：100％］、［角のサイズとシェイプ：左下と右下に丸み（外）2mm］、［オフセット：上6mm、下6mm、左1.5mm、右1.5mm］に設定した

04-4 設定した内容で背景色が適用される

05 「おすすめポイント」の右横に横組み文字ツールでプレーンテキストフレームを作成し、テキストを入力する。テキストの書式は、以下のように設定した。なお、プレーンテキストフレームの座標値は、基準点に「左上」を選択した状態で「X：19mm、Y：60mm、W：117mm、H：48mm」とした05。
・見出し行：［フォント：A-OTF 新ゴ Pro M］、［フォントサイズ：18Q］、［行送り：26H］、［塗り：C＝15 M＝100 Y＝100 K＝0］、［段落前のアキ：2mm］、［プロポーショナルメトリクス］
・本文行：［フォント：こぶりなゴシック Std W3］、［フォントサイズ：13Q］、［行送り：17H］、［塗り：黒］

05 テキストの書式を設定

06 見出しの最初の数字を丸数字に変更する。横組み文字ツールで数字を選択し、字形パネルから目的の丸数字への置換を3箇所実行する06-1。また、フォントサイズも「24Q」に変更しておく06-2。

06-1 丸数字に変更

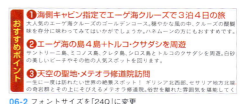

06-2 フォントサイズを「24Q」に変更

07 本文に対して文字詰め処理を行う。ここでは、本文テキスト3箇所に対して［文字ツメ］の機能を「30％」適用する07。

07 ［文字ツメ：30％］を適用

Memo 文字パネルの［文字ツメ］とは

文字パネルの［文字ツメ］は、仮想ボディと文字のアキ（サイドベアリング）を詰める機能だ。そのため、文字の前後のアキを詰めることができ、0〜100％の間で詰め具合を調整できる。

ヘッダー部分の画像を配置する

08 次にヘッダー部分に画像2点を配置する。レイヤーパネルで「photo」レイヤーを選択したら**08-1**、長方形フレームツールに持ち替え、「W：59mm、H：84mm」と「W：37.75mm、H：24mm」のサイズでグラフィックフレームを作成する。なお、グラフィックフレームの座標値は、基準点に「左上」を選択した状態で「X：141mm、Y：-3mm」と「X：141mm、Y：84mm」とした**08-2**。

08-1 レイヤーパネルで「photo」レイヤーを選択

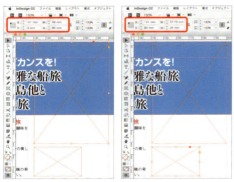

08-2 グラフィックフレームの位置を設定

09 ファイルメニュー→"配置…"を実行し**09-1**、「配置」ダイアログが表示されたら、画像「D_main.psd」と「map.psd」を選択して、[開く]ボタンをクリックする**09-2**。マウスポインターが画像を保持している状態のアイコンに変化するので**09-3**、先程作成したグラフィックフレームに配置する**09-4**。なお、画像はさまざまな方法で配置可能なので、自分がやりやすい方法で配置すればOKだ。

09-1 ファイルメニュー→"配置…"を実行

09-2 画像「D_main.psd」と「map.psd」を選択

09-3 マウスポインターが画像を保持している状態のアイコンに変化

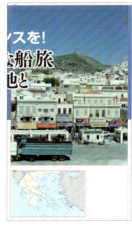

09-4 画像をグラフィックフレームに配置

10 上の画像には「Photoshopパス」が設定してあるので、「Photoshopパス」を利用して画像を切り抜きで使用する。選択ツールで上の画像を選択し、オブジェクトメニュー→"クリッピングパス"→"オプション…"を選択する**10-1**。「クリッピングパス」ダイアログが表示されるので、[タイプ]を[なし]から[Photoshopパス]に変更する。すると、[パス]が選択可能になるので、目的のパスを指定する。ここでは「パス1」を選択した**10-2**。[OK]ボタンをクリックすると、「Photoshopパス」の情報を用いて切り抜き処理が実行されるので、画像の表示される位置を調整する**10-3**。

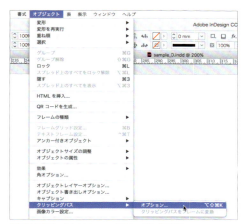

10-1 オブジェクトメニュー→"クリッピングパス"→"オプション..."を選択

10-2 ［タイプ］を［Photoshop パス］に変更し、［パス］に目的のものを選択する

10-3 切り抜き処理が実行される

11 今度は選択ツールで下の画像を選択し、コントロールパネルの［フレームに均等に流し込む］ボタンをクリックする**11-1**。画像がグラフィックフレームにぴったりあうサイズに拡大・縮小されるので、位置を調整する**11-2**。

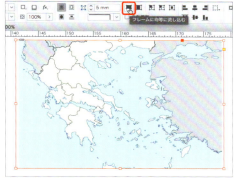

11-1 コントロールパネルの［フレームに均等に流し込む］ボタンをクリック

11-2 画像がグラフィックフレームにぴったりあうサイズに拡大・縮小される

Technique InDesignでの切り抜き処理

InDesignでは、Photoshop画像の［クリッピングパス］や［Photoshopパス］、［アルファチャンネル］、さらには背景を透明するなどした画像を使用しても切り抜き処理が可能だ。ただし、［クリッピングパス］を持つ画像や背景を透明にした画像は、InDesignに配置しただけで切り抜きされるのに対し、［Photoshopパス］や［アルファチャンネル］の情報から切り抜きを行う場合には、InDesignに配置する際、あるいは配置後に切り抜きの指示をすることになる。目的に応じて使い分ければよいが、［Photoshopパス］や［アルファチャンネル］を使用する場合には、1枚の画像を異なる切り抜き方で使用するといったことも可能。

ケーススタディ

12 レイヤーパネルで「text」レイヤーを選択したら **12-1**、横組み文字ツールに持ち替え、下の画像の右横にプレーンテキストフレームを作成する。ここでは位置とサイズを「X：179.75mm、Y：84mm、W：20.25mm、H：24mm」に設定した **12-2**。次にテキストを入力、あるいはペーストし、書式を整える。ここでは［フォント：A-OTF 新ゴPro L］、［フォントサイズ：9Q］、［行送り：12H］とした **12-3**。

12-1 レイヤーパネルで「text」レイヤーを選択

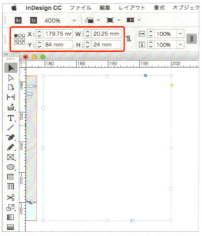
12-2 プレーンテキストフレームの位置とサイズを設定

12-3 テキストの書式を設定

13 テキストを選択したまま、オブジェクトメニュー→"テキストフレーム設定..."を選択する **13-1**。「テキストフレーム設定」ダイアログが表示されるので、［テキストの配置］の［配置］を［上揃え］から［下］に変更して［OK］ボタンをクリックする **13-2**。テキストがテキストフレーム内の下に揃う **13-3**。

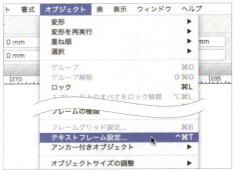
13-1 オブジェクトメニュー→"テキストフレーム設定..."を選択

13-2 ［テキストの配置］の［配置］を［下］に変更

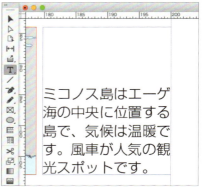
13-3 テキストがテキストフレーム内の下に揃う

［テキストフレーム設定］はデフォルト設定で［上揃え］となっているが、他にも［中央］、［下］、［均等配置］が用意されており、テキストフレームのどこにテキストを揃えるのかを設定可能だ。

> ケーススタディ
> 旅行パンフレット

04 画像の配置と
キャプションの作成

複数の画像にキャプションを作成したい場合、1つずつテキストフレームを作成していては非効率だ。そこで、ライブキャプションの機能を利用して、一気にキャプション用のテキストフレームを作成するのがお勧め。

グラフィックフレームを作成し、画像を配置する

01 レイヤーパネルで「photo」レイヤーを選択し、長方形フレームツールに持ち替えたら、「おすすめポイント」の下にグラフィックフレームを作成する。グラフィックフレームの位置とサイズは、「X：10mm、Y：113mm、W：38mm、H：28mm」に設定する**01**。

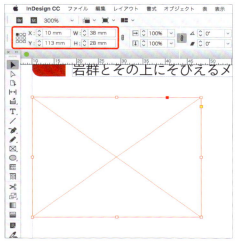

01 グラフィックフレームの位置とサイズを設定

02 グラフィックフレームを選択したまま、編集メニュー→"繰り返し複製…"を選択する。「繰り返し複製」ダイアログが表示されるので、[グリッドとして作成]にチェックを入れ、[行：4]、[段数：2]、[垂直方向：40mm]、[水平方向：42mm]に設定して[OK]ボタンをクリックする**02-1**。指定した位置に指定した数だけグラフィックフレームが複製される**02-2**。

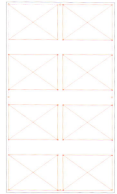

02-2 グラフィックフレームが複製される

03 次に、グラフィックフレームに画像を配置する。今度はフォルダーから直接、画像を配置してみよう。目的のフォルダーを表示したら、配置する画像8点(「D_01.psd」〜「D_08.psd」)を選択し、ドキュメント上にドラッグする**03-1**。マウスポインターが画像を保持している状態のアイコンに変化するので**03-2**、クリックしながらグラフィックフレームに配置していく**03-3**。なお、各画像は目的に応じて位置やサイズを調整しておこう。

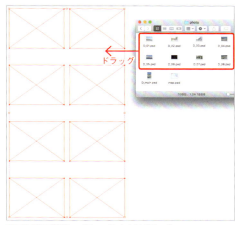

03-1 画像を選択し、ドキュメント上にドラッグ

03-2 マウスポインターが画像を保持している状態のアイコンに変化

02-1 [繰り返し複製]ダイアログの各項目を設定

画像の配置とキャプションの作成　**04**　225

ケーススタディ

03-3 グラフィックフレームにそれぞれ配置

ライブキャプションを実行する

04 今度は、ライブキャプションの機能を利用して、画像に対してキャプションを作成していく。

まずはどのようなキャプションを作成するかを指定しておく必要があるので、リンクパネルメニュー→"キャプション"→"キャプション設定…"を選択する**04-1**。「キャプション設定」ダイアログが表示されるので、各項目を設定していく。[先行テキスト]や[後続テキスト]も指定できるが、ここでは特に設定せず、[メタデータ]を指定する。後で、キャプションテキストは差し替えてしまうので、[メタデータ]には任意のものを選択すればOKだが、ここでは「名前」を選択した。

また、[位置とスタイル]の[揃え]には[画像の下]を選択し、[オフセット]を「1mm」とした。こうしておくことで、画像の下側から1mm離れたところにキャプションが自動的に作成される。なお、[段落スタイル]も指定可能なので、キャプション用に作成した段落スタイルがある場合には、それを指定しておくと書式設定の手間が省けるが、ここでは特に指定せずに[OK]ボタンをクリックする**04-2**。

04-1 リンクパネルメニュー→"キャプション"→"キャプション設定…"を選択

04-2 [メタデータ：名前]、[揃え：画像の下]、[オフセット：1mm]とした

Memo ライブキャプションの機能

ライブキャプションとは、画像の持つメタデータから自動的にキャプションを作成してくれる機能だ。画像にメタデータが設定していなければキャプションを作成できないように思うかも知れないが、じつはメタデータを設定していないようなケースでも非常に便利に使用できる。

---

05 では、キャプションを作成する。選択ツールでキャプションを作成したい画像をすべて選択し、リンクパネルメニュー→"キャプション"→"ライブキャプションの作成"、または"キャプションの作成"を選択する**05-1**。すると、選択していたすべての画像に対し、指定した位置に自動的にテキストフレームが作成され、キャプションが作成される**05-2**。なお、キャプションのテキストには画像のメタデータ「名前」の情報が使用される。

05-1 リンクパネルメニュー→"キャプションの作成"を選択

05-2 指定した位置にキャプションが作成される

06 次に、キャプションのテキストが増えてもテキストがあふれることのないよう、テキスト量に応じてテキストフレームのサイズが可変するよう設定する。選択ツールでキャプションを8つ選択し、オブジェクトメニュー→"テキストフレーム設定..."を選択する**06-1**。「テキストフレーム設定」ダイアログが表示されるので[自動サイズ調整]タブを選択し、[自動サイズ調整]に[高さのみ]を選択して、基準点には「上中央」を指定する**06-2**。[OK]ボタンをクリックすれば、選択していたテキストフレームに対して、高さの自動サイズ調整が反映される**06-3**。なお、この段階ではテキストフレームに見た目の変化はない。

06-1 オブジェクトメニュー→"テキストフレーム設定..."を選択

06-2 [自動サイズ調整：高さのみ]、[基準点：上中央]とした

06-3 高さの自動サイズ調整が反映される

07 キャプションのテキストに書式を設定する。選択ツールでキャプションを8つ選択したまま、ここでは[フォント：こぶりなゴシックStd W3]、[フォントサイズ：8Q]、[行送り：12H]とした**07**。テキストのサイズを小さくしたことで、テキストフレームの高さも変化したのが分かる。

07 キャプションのテキストに書式を設定

ケーススタディ

08 次にキャプションのテキストを差し替えていく。テキストファイル「D.txt」を開き、それぞれキャプション用のテキストをコピー＆ペーストして差し替えていく**08**。このとき、テキストがあふれないようにプレーンテキストフレームの高さが自動的に広がったのがわかるはずだ。

09 キャプションのテキストを若干詰めたいので、文字パネルの[文字ツメ]を適用する。ここでは「30%」とした**09**。なお、繰り返し使用するキャプションのような書式は、段落スタイルに登録して運用するのがお勧めだ。

08 キャプションのテキストを差し替え

09 キャプションのテキストを文字詰め

Technique キャプションの作成

キャプションを作成する場合、リンクパネルメニュー→"キャプション"→"ライブキャプションの作成"、または"キャプションの作成"を選択するが、どちらを選択しても実行後のテキストの表示は同じになる。何が違うのかといえば、[ライブキャプションの作成]の場合、メタデータとキャプションテキストがリンクされており、[キャプションの作成]の場合、リンクされていないという点だ。そのため、後から画像のメタデータを変更すると、[ライブキャプションの作成]を使用した場合には、リンクの更新をすることでテキストを修正できる。ここでの作例のようなケースでは、手動でテキストを差し替えているため、[キャプションの作成]を実行した。どちらの方法が良いかは作業内容によるので、目的に応じて切り替えて使用してほしい。

05 表を作成する

InDesignには高度な表作成機能が搭載されている。ExcelやWordの表の読み込みをはじめ、テキストフレームをまたいだ表も作成可能だ。セルの高さや幅、セルとテキストとの余白、罫線や塗りなども高度にコントロールできる。

Excelの表を読み込む

01 まず、Excelの表を読み込むためのテキストフレームを作成する。レイヤーパネルで「text」レイヤーを選択したら、横組み文字ツールでプレーンテキストフレームを作成し、位置とサイズを整える。ここでは、位置とサイズを「X：98mm、Y：113mm、W：102mm、H：145mm」とした**01**。

02 次にExcelで作成された表を読み込む。作成したプレーンテキストフレームを選択した状態で、ファイルメニュー→"配置..."を実行すると、「配置」ダイアログが表示されるので、目的のファイル「スケジュール.xlsx」を選択する**02-1**。なお、ここでは[読み込みオプションを表示]はオフにしておく。[開く]ボタンをクリックすると、Excelの表がInDesignの表として読み込まれる**02-2**。

01 テキストフレームの位置とサイズを設定

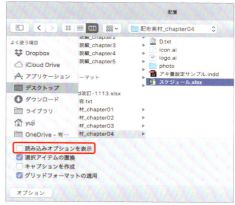

02-1 「スケジュール.xlsx」を選択

Technique 「配置」のオプション表示

「配置」ダイアログで[読み込みオプションを表示]をオンにして[開く]ボタンをクリックすると、ファイル形式に応じたオプションダイアログが表示される。Excelファイルの場合には、読み込む[シート]や[セル範囲]、[フォーマット]を活かして読み込むのか、破棄して読み込むのかなどを指定することができる。

Attention Excelの表を読み込むときの注意点

Excelの表を読み込んだ際に、Excelの罫線が反映されないケースがある。そのような場合には、読み込まれたテキストをすべて選択して、表メニュー→"テキストを表に変換..."を実行する。

表メニュー→"テキストを表に変換..."を実行

ケーススタディ

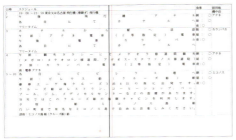

02-2 Excelの表がInDesignの表として読み込まれる

強制改行を置換する

03 読み込んだ表のセル内の改行が「強制改行」として読み込まれているので、これを改行に置換する。まず、書式メニュー→"制御文字を表示"を選択し 03-1、制御文字を表示しておく 03-2。

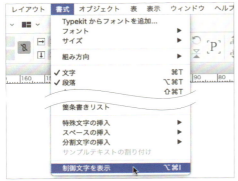

03-1 書式メニュー→"制御文字を表示"を選択

03-2 制御文字を表示

04 横組み文字ツールを選択したら、マウスポインターを表の左上に移動し、右下向きのアイコンに変化したところでクリックして 04-1、表をすべて選択する 04-2。次に編集メニュー→"検索と置換..."を選択する 04-3。「検索と置換」ダイアログが表示されるので、[テキスト]タブを選択し、[検索文字列]のポップアップメニューから"強制改行"を選択する 04-4。[検索文字列]には「^n」と入力される。今度は、[置換文字列]のポップアップメニューから"段

落の終わり"を選択する 04-5。[置換文字列]には「^p」と入力される。[検索]を[選択範囲]に指定し、[すべてを置換]ボタンをクリックする 04-6。置換できたことを表すアラートが表示されるので[OK]ボタンをクリックする 04-7。置換が完了し、「検索と置換」ダイアログに戻るので、[完了]ボタンをクリックしてダイアログを閉じる 04-8。

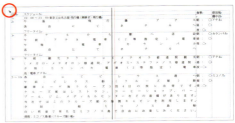

04-1 マウスポインターが右下向きのアイコンに変化したところでクリック

04-2 表をすべて選択

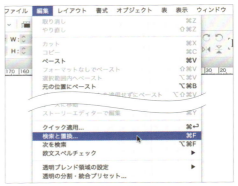

04-3 編集メニュー→"検索と置換..."を選択

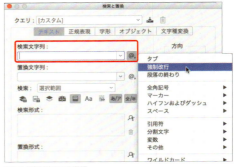

04-4 "強制改行"を選択

表中テキストの書式を整える

05 表のセルをすべて選択したまま、コントロールパネルで［フォント：A-OTF 新ゴPro R］、［フォントサイズ：11Q］、［行送り：14H］、［段落揃え：中央揃え］、すべての罫線の［線幅］を「0.1mm」に設定する **05-1**。次に、表パネルで［中央揃え］を指定し **05-2**、段落パネルで［文字組み］を「約物ツメ用」に変更する **05-3**。

04-5 "段落の終わり"を選択

04-6 ［検索］を［選択範囲］に指定し、［すべてを置換］ボタンをクリック

04-7 置換できたことを表すアラートが表示される

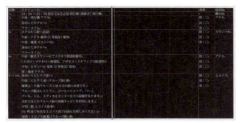

04-8 強制改行が改行に置換される

05-1 書式と線幅を設定

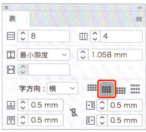

05-2 ［中央揃え］を指定

05-3 テキストに反映される

ケーススタディ

06 コントロールパネルで表の罫線の左右両端のみが選択された状態にして、[線幅]を「0mm」に設定する06。これにより、表の左右の罫線のみ、線が表示されなくなる。

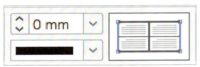

06 [線幅]を「0mm」に設定

08-1 1行目を除く1列目の[組み方向]を[縦]に変更

07 横組み文字ツールで1行目を除く2列目を選択し、[段落揃え]を[均等配置(最終行左／上揃え)]、上下左右の[セルの余白]をすべて「1.5mm」に設定する07-1／07-2。

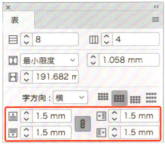

07-1 [セルの余白]をすべて「1.5mm」に設定

08-2 テキストの数字が横向きになってしまう

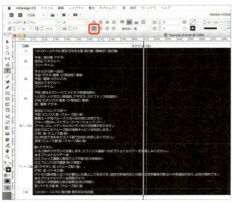

07-2 [段落揃え：均等配置(最終行左／上揃え)]に設定

08-3 段落パネルメニュー→"自動縦中横設定..."を選択

08-4 [組数字]を「2」とした

08 今度は、1行目を除く1列目を選択し、表パネルで[字方向]を[縦]に変更する08-1。すると、テキストの数字が横向きになってしまうので08-2、段落パネルメニュー→"自動縦中横設定..."を選択する08-3。「自動縦中横設定」ダイアログが表示されるので、[組数字]を「2」として[OK]ボタンをクリックする08-4。テキストに対して縦中横が適用される08-5。

08-5 テキストに縦中横が適用される

セルのサイズを指定する

09 1行目を除く1列目を選択したまま、表パネルの［列の幅］を「8mm」に設定する**09-1**。同様の手順で2列目を「68mm」、3列目を「10mm」、4列目を「16mm」に設定する**09-2**。

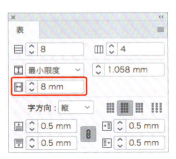

09-1 1行目を除く1列目の［列の幅］を「8mm」に設定

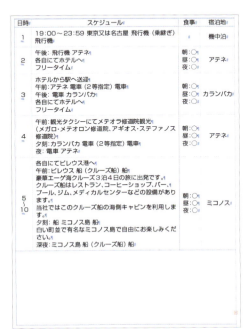

09-2 2列目、3列目、4列目の［列の幅］を設定

10 今度は1行目を選択し、［フォントサイズ］を「10Q」、表パネルの［行の高さ］を［最小限度］から［指定値を使用］に変更して、「4.5mm」に設定する**10-1**。1行目を選択したまま、表メニュー→"行の変換"→"ヘッダーに"を実行する**10-2**。これにより、表の見た目の変化はないが、1行目がヘッダーとして指定される。

10-1 1行目のフォントサイズと行の高さを変更

10-2 表メニュー→"ヘッダーに"を実行

ケーススタディ

11 4日目のスケジュールで「(メガロ～」で始まる段落を[フォントサイズ：9Q]、[行送り：12H]に変更する。同様の手順で、5～10日目のスケジュールの「クルーズ船～」で始まる段落から「当社では～」で始まる段落までと「白い町並で有名な～」で始まる段落、11～13日目のスケジュールの「トルコ領～」で始まる段落、「パトモス島～」で始まる段落も[フォントサイズ：9Q]、[行送り：12H]に変更する **11**。なお、実際の作業では段落スタイルに登録しながら作業するのがお勧めだ。

11 [フォントサイズ：9Q]、[行送り：12H]に変更

 表のセル内のテキストがあふれた場合、テキストフレームを広げる、あるいは編集メニュー→"ストーリーエディターで編集"を実行することで、あふれたテキストの編集も可能となる。

アンカー付きオブジェクトを挿入する

12 スケジュール内の電車や船、飛行機を使用した移動を表現する場合、アイコンとして表示した方が分かりやすいので、これらのアイコンオブジェクトをアンカー付きオブジェクトとしてテキスト中に挿入する。まず、Illustratorでアイコンのファイル(icon.ai)を開き、飛行機や電車、船のオブジェクトをコピーする **12**。

12 飛行機や電車・船のオブジェクトをコピー

13 InDesignに切り換え、任意の場所にペーストを実行する **13-1**。オブジェクトはグループ化された状態でペーストされるので、オブジェクトメニュー→"グループ解除"を実行して、グループ化を解除しておく **13-2**。

13-1 任意の場所にペースト

13-2 オブジェクトメニュー→"グループ解除"を実行

14 まず、飛行機のオブジェクトのみを選択してコピーし、横組み文字ツールで1日目のスケジュールの「飛行機」という文字列を選択する**14-1**。ペーストを実行すると、飛行機のオブジェクトがアンカー付きオブジェクトとしてテキスト中に挿入される**14-2**。同様に、「飛行機」という文字列を飛行機のオブジェクトに置換していく**14-3**。

日時	スケジュール
1	19:00〜23:59 東京又は名古屋 飛行機 （乗継ぎ） 飛行機

14-1「飛行機」という文字列を選択

日時	スケジュール
1	19:00〜23:59 東京又は名古屋 ✈ （乗継ぎ） 飛行機

14-2 飛行機のオブジェクトがテキスト中に挿入される

日時	スケジュール
1	19:00〜23:59 東京又は名古屋 ✈ （乗継ぎ） ✈
2	午後：✈ アテネ 各自にてホテルへ フリータイム
14	13:00〜14:50 ✈ 東京又は名古屋

14-3「飛行機」という文字列を飛行機のオブジェクトに置換

15 電車と船のオブジェクトに関しても、同様の手順でアンカー付きオブジェクトとして挿入していく**15**。

日時	スケジュール	食事	宿泊地
1	19:00〜23:59 東京又は名古屋 （乗継ぎ）✈		機中泊
2	午後：✈ アテネ 各自にてホテルへ フリータイム	朝：○ 昼：○ 夜：○	アテネ
3	ホテルから駅へ送迎 午前：アテネ 🚆（2等指定）🚆🚆 午後：🚆 カランバカ 各自にてホテルへ フリータイム	朝：○ 昼：○ 夜：○	カランバカ
4	午前：観光タクシーにてメテオラ修道院観光 （メガロ・メテオロン修道院、アギオス・ステファノス修道院） 夕刻：カランバカ 🚆🚆（2等指定）🚆🚆 夜：🚆 アテネ	朝：○ 昼：○ 夜：○	アテネ
5 〜 10	各自にてピレウス港へ 午前：ピレウス 🚢（クルーズ船） 豪華エーゲ海クルーズ3泊4日の旅に出発です。 クルーズ船はレストラン、コーヒーショップ、バー、 プール、ジム、メディカルセンターなどの設備があります。 当社ではこのクルーズ船の海側キャビンを利用します。 夕刻：🚢 ミコノス島 白い町並で有名なミコノス島で自由にお楽しみください。 深夜：ミコノス島 🚢（クルーズ船）	朝：○ 昼：○ 夜：○	ミコノス
11 〜 13	朝：クサダシ トルコ領のクサダシに到着します。エフェソス遺跡へのオプショナルツアーをお楽しみください。 ★オプショナルツアー★ ○エフェソス遺跡と聖母マリアの家（約3時間半） ○エフェソス古代遺跡（約3時間） 昼：クサダシ 🚢（クルーズ船） 夕刻：🚢 パトモス島 パトモス島は聖ヨハネが暮らした島として有名です。独特で神秘的なこの島には世界遺産の聖ヨハネ修道院があり、必見の場所です。 ★オプショナルツアー★英語ガイド ○聖ヨハネ修道院と黙示録教会（約2時間） 夜：パトモス島 🚢（クルーズ船）	朝：○ 昼：○ 夜：○	パトモス島
14	13:00〜14:50 ✈ 東京又は名古屋		機中泊

15 電車と船のオブジェクトも同様の手順で挿入

Technique アンカー付きオブジェクト

テクニック

テキストフレーム外に置いたオブジェクトをアンカー付きオブジェクトとして、テキストに関連付けることも可能だ。その場合、オブジェクトを選択した際に右上に表示される四角形のオブジェクトを、関連付けたいテキスト中までドラッグすればOKだ。四角形のオブジェクトが錨（アンカー）のアイコンに変化し、関連付けられる。

なお、アンカー付きオブジェクトは、テキストの一部として動作するため、テキストに増減があった場合でも、テキストと一緒に動くので、修正時に威力を発揮する。また、アンカー付きオブジェクトの位置を調整したい場合には[ベースラインシフト]の機能を使用しよう。

セルにカラーを設定する

16 今度は表のセルに対してカラーを設定する。横組み文字ツールで表全体を選択し**16-1**、表メニュー→"表の属性"→"塗りのスタイル…"を選択する**16-2**。「表の属性」ダイアログが表示されるので、[パターンの繰り返し]に[1行ごとに反復]を選択し、[最初]の[カラー]を「C＝100 M＝0 Y＝0 K＝0」、[濃淡]を「20%」、[次]の[カラー]を[なし]、[最初の1行をスキップ]に設定する**16-3**。[OK]ボタンをクリックすると、ヘッダー部分を除き、1行ごとに指定したカラーが反復して適用される**16-4**。

16-1 表全体を選択

表を作成する **05** 235

> ケーススタディ

16-2 表メニュー→"塗りのスタイル..."を選択

16-3 ［最初］の［カラー：C＝100 M＝0 Y＝0 K＝0］、［濃淡：20%］、［最初の1行をスキップ］に設定

16-4 1行ごとに指定したカラーが反復

17 横組み文字ツールでヘッダー部分を選択し**17-1**、［カラー：C＝0 M＝0 Y＝100 K＝0］の［濃淡］を「50%」に設定する**17-2**。これで表のでき上がりだ**17-3**。

17-1 ヘッダー部分を選択

17-2 ［カラー：C＝0 M＝0 Y＝100 K＝0］の［濃淡］を「50%」に設定

17-3 表ができ上がった

残りの部分を仕上げる

18 最後に表のキャプションと、フッター部分を作成する。それぞれプレーンテキストフレームを作成し、［フォント：こぶりなゴシックStd W3］、［フォントサイズ：7Q］、［行送り：9H］とした。それぞれのテキストフレームの位置とサイズは、「X：98mm、Y：259mm、W：102mm、H：13mm」、「X：10mm、Y：276.25mm、W：91mm、H：10.75mm」、「X：109mm、Y：276.25mm、W：91mm、H：10.75mm」とした。
フッター部分は、**18**のような仕上がりとなる。

18 小さな文字サイズで配置されたフッター

CHAPTER 05
特色2色の印刷物

01	制作の流れ
02	準備と新規ドキュメントの作成
03	混合インキを作成する
04	背景を作成する
05	画像を配置し、混合インキを適用する
06	テキストを入力し、混合インキを適用する
07	特色を変更する

ケーススタディ
特色2色の印刷物
01 制作の流れ

DLデータ
Id_Pro > Chapter05

InDesignでは特色の掛け合わせが可能だ。この特色を掛け合わせたカラーを「混合インキ」と呼ぶ。C版とM版、C版とK版といったようにプロセスカラーの任意の2版を使って疑似的にデータを作成しなくてよいため、イメージが掴みやすく、またクライアントにも近似色でカンプを提出できる。特色の変更にも素早く対応できるのも大きなメリットだ。

完成作例

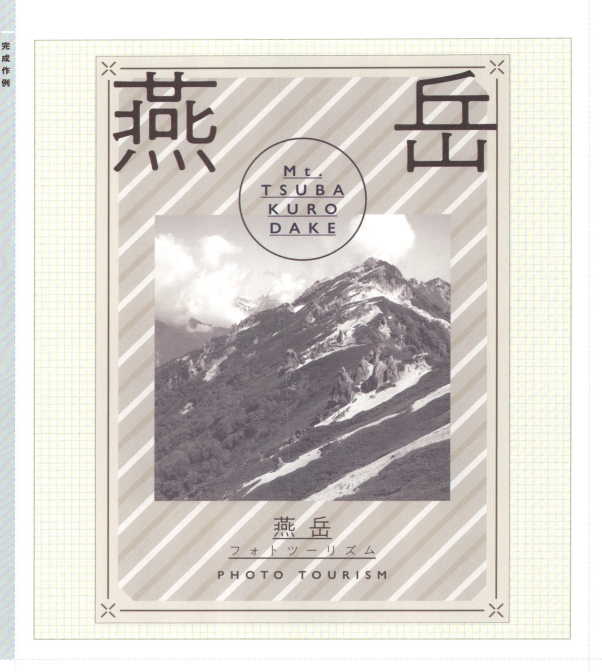

CHAPTER 05　特色2色の印刷物

ワークフローと使用機能

02 準備と新規ドキュメントの作成 (P.240)
→［新規マージン・段組］

03 混合インキを作成する (P.241)
→［混合インキグループ］

04 背景を作成する (P.243)
→［レイヤー］+［長方形ツール］+［スウォッチ］+［角オプション］

05 画像を配置し、混合インキを適用する (P.246)
→［配置］+［オブジェクトサイズの調整］+［スウォッチ］

06 テキストを入力し、混合インキを適用する (P.248)
→［文字ツール］+［下線］+［スウォッチ］

07 特色を変更する (P.251)
→［混合インキグループオプション］

ケーススタディ
特色2色の印刷物

02 準備と新規ドキュメントの作成

新規ドキュメントを作成するが、テキストの少ないリーフレットを作成する場合には「マージン・段組」を選択してドキュメントを作成する。なお、あらかじめ特色の使用に合わせた配置用の画像を用意しておこう。

配置画像を用意する

01 まず、InDesignドキュメントに配置する画像を用意しておく。ここでは、PSD形式で保存したグレースケールの画像「tsubakuro.psd」を用意した**01**。

01 グレースケールの画像を用意

 グレースケールの画像はInDesign上でカラーを適用することが可能なため、ここで使用する画像は、グレースケールで保存したものを用意した。もちろん、あらかじめPhotoshop上で目的の特色を使用した画像を作成して、InDesignドキュメントに配置してもOKだ。

版面を設定する

02 ファイルメニュー→"新規"→"ドキュメント..."を選択して**02-1**、「新規ドキュメント」ダイアログを表示させる。ここでは、A4サイズのペラ物のリーフレットを作成したいので、それに合わせて各項目を設定する**02-2**。設定できたら、[マージン・段組...]ボタンをクリックする。

02-1 ファイルメニュー→"新規"→"ドキュメント..."を選択

02-2 [ドキュメントプロファイル：印刷]、[ページサイズ：A4]、[方向：縦置き]、[ページ数：1]、[綴じ方：左綴じ]、[見開きページ：オフ]とした

03 「新規マージン・段組」ダイアログが表示されるので、マージンと段組を設定していく。ここでは**03-1**のように設定した。[OK]ボタンをクリックすると、設定した内容で新規ドキュメントが作成される**03-2**。なお、ここで任意のファイル名を付けて、ドキュメントを一度保存しておこう。

03-1 天地左右のマージンをすべて「11.5mm」に設定

03-2 新規ドキュメントが作成される

ケーススタディ
特色2色の印刷物

03 混合インキを作成する

混合インキは、1つずつ作成していては手間が掛かってしまうため、混合インキグループとして作成する。何%刻みで特色を掛け合わせるかの指定も可能で、手軽に複数の混合インキをグループとして作成できる。

混合インキをグループとして追加する

01 混合インキを作成するためには、特色をスウォッチとして登録しておく必要がある。まず、スウォッチパネルメニュー→"新規カラースウォッチ..."を選択する01-1。「新規カラースウォッチ」ダイアログが表示されるので、[カラータイプ]に[特色]を選択し、[カラーモード]に目的のものを選択する。ここでは[DIC Color Guide]を選択した。すると、DIC Colorが選択可能になるので、ここでは「DIC 123s*」01-2と「DIC 389s*」01-3をそれぞれ追加した。なお、複数のスウォッチを続けて登録したい場合には[追加]ボタンをクリックする。これで、指定した特色がスウォッチパネルに登録される01-4。

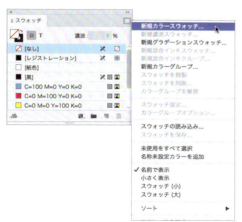

01-1 スウォッチパネルメニュー→"新規カラースウォッチ..."を選択

01-2 「DIC 123s*」を追加

01-3 「DIC 389s*」を追加

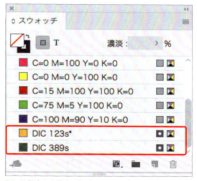

01-4 指定した特色がスウォッチパネルに登録される

02 次に混合インキを作成するが、1つずつ作成していては手間が掛かってしまうので、グループとしてまとめて作成する。スウォッチパネルメニュー→"新規混合インキグループ..."を選択する02-1。「新規混合インキグループ」ダイアログが表示されるので、掛け合わせたいインキを2つ以上選択し、それぞれ[初期]、[繰り返し]、[増分値]を設定する。ここでは、「DIC 123s*」と「DIC 389s*」を選択し、それぞれ[初期：0%]、[繰り返し：10]、[増分値：10%]とした02-2。このように設定すると、それぞれの特色を0%から10%刻みで10回掛け合わせることになるので、11×11で計121個の混合インキがグループとして作成できる。[OK]ボタンをクリックすると、スウォッチパネルには、混合インキがグループとして作成されたのを確認できる02-3。

混合インキを作成する 03 241

> ケーススタディ

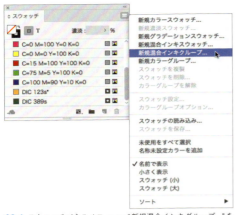

02-1 スウォッチパネルメニュー→"新規混合インキグループ..."を選択

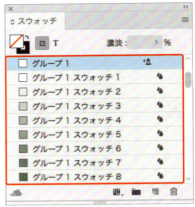

02-3 スウォッチパネルに混合インキがグループとして作成された

02-2 ［初期：0%］、［繰り返し：10］、［増分値：10%］とした

Memo 混合インキのスウォッチの内容を確認する

混合インキのスウォッチは、マウスポインターを重ねることで、その内容を確認可能。

CHAPTER 05　特色2色の印刷物

> ケーススタディ
> 特色2色の印刷物

04 背景を作成する

背景となるオブジェクトを作成し、カラーを設定する。このとき、用途別にいくつかのレイヤーを作成しておくと作業しやすくなる。適用するカラーは、すべて混合インキグループとして作成したスウォッチのみを使用するようにする。

レイヤー分けする

01 まず背面となるオブジェクトを作成していくが、後から各オブジェクトを選択しやすいよう、目的に応じてレイヤー分けしておくのがお勧めだ。まず、レイヤーパネル上で「レイヤー1」をダブルクリックする **01-1**。「レイヤーオプション」ダイアログが表示されるので、［名前］を変更する。ここでは「back」と入力して **01-2**、［OK］ボタンをクリックした **01-3**。続いて［新規レイヤーを作成］ボタンを2回クリックして新規レイヤーを2つ追加し **01-4**、それぞれ名前を「photo」、「text」とする **01-5**。

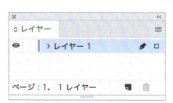

01-1 「レイヤー1」をダブルクリック

01-2 ［名前］を「back」に変更

01-3

01-4 ［新規レイヤーを作成］ボタンを2回クリック

01-5 新規レイヤーの名前を「photo」、「text」とする

背景のオブジェクトを作成する

02 では背景のオブジェクトを作成しよう。まず、レイヤーパネルで「back」レイヤーを選択しておく **02-1**。長方形ツールで裁ち落としのガイドに合わせて長方形を描き、［塗り：グループ1 スウォッチ13］、［線：なし］に設定する **02-2**。

02-1 「back」レイヤーを選択

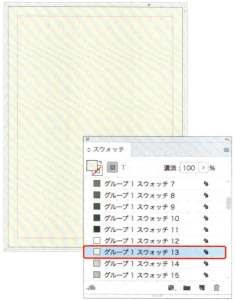

02-2 ［塗り：グループ1 スウォッチ13］、［線：なし］に設定

ケーススタディ

03 次に、写真の背景となる斜めのストライプと枠を作成するが、ここでは既に作成済みのパスオブジェクトをコピーしてくる。InDesignドキュメント「背景.indd」を開き、すべてのオブジェクトを選択してコピーする**03-1**。現在、作成しているドキュメントに切り替え、編集メニュー→"元の位置にペースト"を実行する**03-2**。パスオブジェクトが同じ位置にペーストされスウォッチも読み込まれる**03-3**。

03-1 パスオブジェクトをコピーする

02-5 編集メニュー→"元の位置にペースト"を選択

03-3 パスオブジェクトが同じ位置にペーストされ、スウォッチも読み込まれる

04 選択ツールでストライプのオブジェクトを選択し**04-1**、オブジェクトメニュー→"角オプション…"を選択する**04-2**。「角オプション」ダイアログが表示されるので、すべての角を「サイズ：8mm」、「シェイプ：斜角」に設定してOKボタンをクリックする**04-3**。オブジェクトの角が斜角になる**04-4**。

04-1 ストライプのオブジェクトを選択する

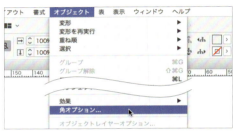

04-2 オブジェクトメニュー→"角オプション…"を選択

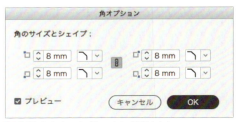

04-3 「サイズ：8mm」、「シェイプ：斜角」とした

04-4 ストライプのオブジェクトの角が斜角になる

05 ペーストしたオブジェクトには、すでにスウォッチが適用されているので、混合インキのスウォッチに置き換える。まず、「枠線」という名前のスウォッチを選択し、［選択したスウォッチ/グループを削除］ボタンをクリックする**05-1**。すると、「スウォッチを削除」ダイアログが表示されるので、［定義されたスウォッチ］に置き換えたい混合インキを選択してOKボタンをクリックする**05-2**。ここでは、［グループ1 スウォッチ62］を指定した。すると、「枠線」を適用していたカラーが置き換わる**05-3**。

05-1「枠線」を選択し、［選択したスウォッチ/グループを削除］を実行

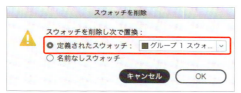

05-2［グループ1 スウォッチ62］を選択し、OKボタンをクリック

06 同様の手順で、「ストライプ背景」を［グループ1 スウォッチ14］に、「ストライプ1」を［グループ1 スウォッチ25］に、「ストライプ2」を［グループ1 スウォッチ2］に置き換えると、ペーストしたパスオブジェクトすべてに混合インキが適用できる**06**。

06 ペーストしたパスオブジェクトのカラーすべてが、指定した混合インキに置き換わる

05-3「枠線」のスウォッチを適用していたオブジェクトのカラーが、指定した混合インキに置き換わる

ケーススタディ
特色2色の印刷物

05 画像を配置し、混合インキを適用する

Photoshop上で目的の特色を使用した画像を作成してもよいが、グレースケール画像を使用することで、InDesign側でカラーのコントロールが可能となる。

画像を配置する

01 画像を配置していこう。まず、レイヤーパネルで「photo」レイヤーを選択しておく**01-1**。長方形フレームツールを選択してグラフィックフレームを作成する**01-2**。なお、グラフィックフレームの位置とサイズは、基準点に「中央」を選択した状態で「X：105mm、Y：158.5mm、W：150mm、H：150mm」とした。

02 次に、グラフィックフレームを選択した状態で、ファイルメニュー→"配置..."を選択する。「配置」ダイアログが表示されるので、目的の画像「tsubakuro.psd」を選択し、[開く]ボタンをクリックすると**02-1**、画像が配置される**02-2**。画像を選択したまま、コントロールパネルの[フレームに均等に流し込む]アイコンをクリックする**02-3**。これにより、選択していた画像がグラフィックフレームにフィットする**02-4**。

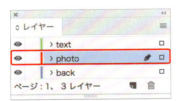

01-1 「photo」レイヤーを選択

02-1 目的の画像を選択

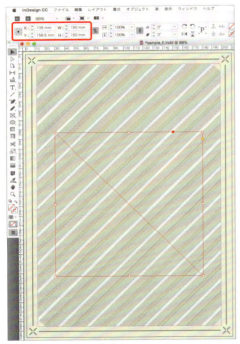

01-2 グラフィックフレームを作成

02-2 画像が配置される

02-3 [フレームに均等に流し込む]アイコンをクリック

02-4 グラフィックフレームに画像がフィットする

03-2 画像に混合インキが適用される

画像に混合インキを適用する

03 次に、配置した画像に混合インキスウォッチを適用していこう。まず、一度、選択を解除した後、ダイレクト選択ツールで画像を選択しなおし、スウォッチパネルで[グループ1 スウォッチ20]を選択する**03-1**。すると、画像に対して混合インキが適用される**03-2**。これで、画像のカラーの設定は終了だ。

 Photoshop上であらかじめ特色を適用した画像を用意して配置した場合は、InDesign上でカラーを適用する必要はない。

03-1 [グループ1 スウォッチ20]を適用する

> **Memo** 画像の配置の手段
>
> 「配置」コマンドを利用して画像を配置する以外にも、画像の配置方法はいろいろとある。デスクトップやAdobe Bridge、CCライブラリパネル等から、InDesignドキュメント上に目的の画像をドラッグ＆ドロップしてもOKだ。なお、画像をどのように配置するかを詳細にコントロールしたい場合には、「配置」ダイアログで[読み込みオプションを表示]にチェックを入れて[開く]ボタンをクリックすれば、画像形式に応じたオプションダイアログが開き、詳細な設定が可能だ。

> ケーススタディ
> 特色2色の印刷物

06 テキストを入力し、混合インキを適用する

入力・配置したテキストは、書式を整えたら、混合インキグループのスウォッチを適用する。混合インキグループのスウォッチのみを適用しておけば、特色を変更しなくてはならなくなった場合でも簡単に修正できる。

テキストを入力し、書式を設定する

01 テキストを入力していこう。まず、レイヤーパネルで「text」レイヤーを選択しておく**01-1**。横組み文字ツールに持ち替え、任意のサイズでプレーンテキストフレームを作成する。作成したら、「燕岳」と入力し、その書式を**01-2**と**01-3**のように、テキストフレームの位置とサイズは**01-4**のように、カラーを**01-5**のように設定した。すると、テキストは**01-6**のような状態になる。

01-1 「text」レイヤーを選択

01-2 [フォント：A P-OTF A1ゴシック StdN L]、[フォントサイズ：240Q]に設定する

01-3 [段落揃え：両端揃え]を適用する

01-4 テキストフレームの位置とサイズは、基準点に「左上」を選択した状態で「X：5mm、Y：5mm、W：202.5mm、H：60mm」とした。

01-5 [グループ1 スウォッチ53]を適用する

01-6

02 次に、楕円形ツールで正円を描く**02-1**。線幅は「0.8mm」に**02-2**、位置とサイズは**02-3**のように、カラーは**02-4**のように設定した。

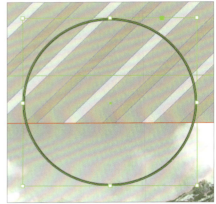

02-1 正円を描画した

02-2 [線幅：0.8mm]に設定した

02-3 円の位置とサイズは、基準点に「中央」を選択した状態で「X：105mm、Y：75.5mm、W：65mm、H：65mm」とした。

02-4 [グループ1 スウォッチ42]を適用する

03 続けて、横組み文字ツールでプレーンテキストフレームを作成し、「Mt.（改行）TSUBA（改行）KURO（改行）DAKE」と入力し、書式を **03-1** と **03-2** のように、テキストフレームの位置とサイズは **03-3** のように、カラーは **03-4** のように設定した **03-5**。
次に、各行の最後の文字を除き、トラッキングを「−500」に設定して **03-6**、字間を広げた **03-7**。

03-1 ［フォント：Gill Sans Nova SemiBold］、［文字サイズ：32Q］、［行送り：40H］に設定した

03-2 ［段落揃え：中央揃え］に設定した

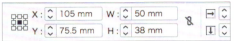

03-3 テキストフレームの位置とサイズは、基準点に「中央」を選択した状態で「X：105mm、Y：75.5mm、W：50mm、H：38mm」とした

03-4 ［グループ1 スウォッチ10］を適用する

03-5 テキストに書式やカラーを設定

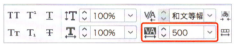

03-6 ［選択した文字のトラッキングを設定を設定(/1000em)：−500］に設定

03-7 テキストの字間を広げる

04 次に文字に下線を適用する。文字ツールでテキストを選択し、文字パネルメニュー→"下線設定…"を選択する **04-1**。「下線設定」ダイアログが表示されるので、［下線］にチェックを入れ［線幅：0.4mm］、［オフセット：1mm］に設定してOKボタンをクリックする **04-2**。テキストに下線が適用される **04-3**。

04-1 文字パネルメニュー→"下線設定…"を選択

04-2 ［線幅：0.4mm］、［オフセット：1mm］とした

> ケーススタディ

04-3 テキストに下線が適用される

05-6 ［グループ1 スウォッチ53］を適用する

05-7 ［線幅：0.6mm］、［オフセット：1.5mm］とした

05 最後にドキュメント下部中央にテキストフレームを作成する。「燕岳（改行）フォトツーリズム（改行）PHOTO TOURISM」と入力し、書式を整える。書式はそれぞれ **05-1** から **05-4** のように、テキストフレームの位置とサイズは **05-5** のように、カラーは **05-6** のように設定した。さらに、各行の最後の文字を除き、トラッキングを「−500」に設定して字間を広げ、1行目と2行目のみに下線を設定した **05-7**。これで出来上がりだ **05-8**。

05-1 1行目［フォント：AP-OTF A1ゴシック StdN L］、［文字サイズ：48Q］、［行送り：60H］に設定した

05-2 2行目［フォント：AP-OTF A1ゴシック StdN L］、［文字サイズ：26Q］、［行送り：52H］に設定した

05-3 3行目［フォント：Gill Sans Nova SemiBold］、［文字サイズ：24Q］に設定した

05-4 ［段落揃え：中央揃え］に設定した

05-5 テキストフレームの位置とサイズは、基準点に「上中央」を選択した状態で「X：105mm、Y：241mm、W：90mm、H：34mm」とした

05-8

250　CHAPTER 05　特色2色の印刷物

ケーススタディ
特色2色の印刷物

07 特色を変更する

特色を変更する必要が生じた場合でも、混合インキグループとして作成したスウォッチを使用していれば、簡単な手順でベースとなる特色を変更できる。ただし、配置画像に特色を使用している場合は注意が必要。

特色を追加する

01 特色を変更する必要が生じた場合、まず差し替える特色を登録する。ここでは「DIC 449s*」と「DIC 619s***」を新しく追加した**01**。なお、手順は「03 混合インキを作成する」(P.241参照)と同様だ。

01「DIC 449s*」と「DIC 619s***」を追加した

特色を差し替える

02 スウォッチパネルで、混合インキグループとして使用したスウォッチ「グループ1」をダブルクリックすると**02-1**、「混合インキグループオプション」ダイアログが表示される。ここでは「DIC 123s*」を「DIC 619s***」に、「DIC 389s」を「DIC 449s*」に変更してOKボタンをクリックした**02-2**。すると、ドキュメントで使用している混合インキがすべて新しい混合インキの掛け合わせに変更される**02-3**。

02-1「グループ1」のスウォッチをダブルクリック

02-2「DIC 123s*」を「DIC 619s***」に、「DIC 389s」を「DIC 449s*」に変更

02-3 すべての混合インキが変更される

Attention 画像のカラーを変更する

注意 今回のケースのようにグレースケールの画像を配置後に、InDesign上で混合インキスウォッチを適用している場合は問題ないが、Photoshop上で特色を使って画像を作成している場合には、InDesign上で特色を差し替えても、画像のカラーまでは変更されない。Photoshopに戻って修正する必要がある。

INDEX
用語索引

オブジェクトを挟んで回り込む	113
オプティカル	75

アルファベット

Adobe Bridge	15
Adobe日本語単数行コンポーザー	10, 71
Adobe日本語段落コンポーザー	10, 71
CCライブラリ	125
Excelデータの読み込み	94, 229
IDML	143
Microsoft Excel読み込みオプション	94
OpenType機能	48, 191
Photoshopクリッピングパスを使用	115
Photoshopパス	116, 222
Publish Online	144
Publish Onlineダッシュボード	145

ア

アウトポート	40
アプリケーションデフォルト	11
アルファチャンネルで切り抜く	117
アルファチャンネルをクリッピングパスに変換	118
アンカー付きオブジェクト	119, 235
異体字	159
印刷可能領域	21, 150
インデント	46
インポート	40
オーバープリント	136
オーバーライド	80, 214
オブジェクトサイズの調整	109
オブジェクトスタイル	89, 205, 213
オブジェクトのシェイプで回り込む	113
オブジェクトの属性	19

カ

カーニング	75
書き出し	142
画像読み込みオプション	104
角オプション	244
カラー設定	15
環境設定	10
キーボードショートカット	16
基準マスター	33
基本設定	69
境界線ボックスで回り込む	113
行頭禁則文字	64
行取り	59
行末受け約物全角/半角	67
行末禁則文字	64
行末句点全角	67
行末約物半角	67
切り抜き	115
禁則処理	64
禁則処理セット	64
禁則調整方式	64
組み方向	42
グラデーションスウォッチ	129
グラフィックセル	102
グラフィックフレーム	18
グリッド揃え	37
グリッドの字間を基準に字送りを調整	38
グリッドフォーマット	92
グループルビ	47
黒の表示方法	11

現在のページ番号	26, 151
検索と置換	162
圏点	47, 158
効果パネル	192
合成フォント	61, 174
小口揃え	27, 44
ここまでインデント	46
固定流し込み	42
混合インキ	131, 241
混合インキグループ	131, 241
混合インキを作成	131
コンテンツグラバー	107
コンテンツ収集（配置）ツール	122, 126
コントロールパネル	44
コンベヤー	122
コンポーザー	71

サ

索引の作成	167
索引パネル	168
字形セット	50
字形パネル	50, 183
字下げ	46
自動行送り	38
自動サイズ調整	39
自動縦中横設定	52, 156
自動でページ番号を追加	154
自動流し込み	42
字取り	59
ジャスティフィケーション	38, 73
斜体	45
詳細設定	69
新規正規表現スタイル	161

新規ドキュメント	20
新規ページ参照	168
新規マスターページ	30
新規レイアウトグリッド	150
スウォッチ	128
スウォッチを削除	129
スタイル再定義	79
スタイルを読み込み	80
ストーリーパネル	42
スペースの挿入	51
スマートテキストのリフロー処理	43
正規表現スタイル	87
制御文字を表示	51
セクションマーカー	29
セルスタイル	101
セルの結合	98
セルの分割	98
先頭文字スタイル	84, 184
総インキ量	137

タ

ダーシ	159
裁ち落とし	21
タッチインターフェイス	12
縦組み中の欧文回転	53
縦中横	52, 156
ダブルミニュート	183
段抜きと段分割	60
段抜き見出し	60
段落境界線	54, 180, 210
段落行取り	59
段落スタイル	77
段落スタイルの親子関係	182

段落スタイルの基準	161
段落スタイルを削除	81
段落設定	157
段落の囲み罫と背景色	57, 220
段落パネル	44
長体	45
ツールの切り換え	108
次のスタイル	83, 221
次の段へテキストを送る	113
強い禁則	64
テキストの回り込み	113, 185
テキストフレーム設定	114, 224
テキストフレームの連結	40
テキスト連結を表示	40
テキストを表に変換	93
透明	118
透明の分割・統合パネル	138
ドキュメントデフォルト	11
ドキュメントページの移動を許可	28
特殊文字	46
特例文字セット	62
特殊文字の挿入	51
特色の変更	251
トラッキング	73

ナ

内容を縦横比率に応じて合わせる	108
内容を中央に揃える	108
内容をフレームに合わせる	108
濃淡スウォッチ	129
ノド揃え	27, 44
ノンブル	151

ハ

配置（画像）	104, 152
配置（テキスト）	41
柱	151
パッケージ	138
半自動流し込み	42
表示画質の設定	109
表示モード	13
表スタイル	101
表のサイズ	96
表の挿入	93
表の属性	100
表パネル	96
プライマリテキストフレーム	150, 155
ぶら下がり	48
プリフライトパネル	134
プリフライトプロファイル	135
プリプレス用 - 日本2	15
プリント	140
フレーム（長方形）	18
フレームグリッド	18, 38
フレームグリッド設定	44, 74, 92
フレーム調整オプション	109
フレームに均等に流し込む	108, 223
フレームを内容に合わせる	108
プレーンテキストフレーム	18, 36
プロポーショナルメトリクス	74, 220
分割文字の挿入	51
分版パネル	137
平体	45
ページパネル	22
ページ番号とセクションの設定	27, 153
ページへ移動	22

ページを移動	25
ページを削除	24
ページを挿入	23
ベースラインシフト	45

マ

マージン・段組	21
マスターページ	26, 199
マスターページの適用	31
見出しの設定	160
メトリクス	75, 220
目次	164
目次の更新	165
目次の作成	164
文字クラス	66
文字組みアキ量設定	66, 218
文字後のアキ量	76
文字スタイル	77
文字ツメ	221
文字の比率を基準に行の高さを調整	38
文字の変形	45
文字パネル	44
文字パネルの言語の欧文設定	202
文字前のアキ量	76
モノルビ	47

ヤ

約物半角	67
読み込みオプション	41
弱い禁則	64

ラ

ライブキャプション	226

リンクパネル	111, 123
リンクを更新	111
ルビ	47, 158
レイアウトグリッド	20, 150
連結アイコン	40

ワ

ワークスペース	14
ワイルドカード	s87
和文等幅	75

CREDIT

■ 著者プロフィール

森 裕司（もり・ゆうじ）

名古屋で活動するフリーランスのデザイナー。Webサイト「InDesignの勉強部屋（https://study-room.info/id/）」
や、名古屋で活動するDTP関連の方を対象にスキルアップや交流を目的とした勉強会・懇親会を行う「DTPの勉強部屋
（https://study-room.info/dtp/）」を主催。
Adobeサイト内の「InDesign CCを体験しよう」や「Adobe InDesign CC入門ガイド」の執筆をはじめ、『JAGAT
info』への連載、またその他DTP関連の書籍も数多く執筆している。

装丁・デザイン	大下賢一郎
本文レイアウト・DTP制作	森 裕司、ANTENNNA
作例デザイン	佐々木 拓人（Con-Create Design Inc.）〔第2部 CHAPTER 02～04〕
	SOUVENIR DESIGN INC.〔第2部 CHAPTER 05〕
素材協力	青木康洋
	株式会社インターブレス
	ヒラカワ レンタロウ（liveikoze）　<http://liveikoze.com/>
	vez　<http://vez.jp/>
編集長	後藤憲司
編　集	塩見治雄、大拔 薫

InDesignプロフェッショナルの教科書　正しい組版と効率的なページ作成の最新技術
CC 2018 / CC 2017 / CC 2015 / CC 2014 / CC / CS6 対応版

2018年 3月21日　初版第1刷発行

著　者	森 裕司
発行人	藤岡 功
発　行	株式会社エムディエヌコーポレーション
	〒101-0051　東京都千代田区神田神保町一丁目105番地
	https://www.MdN.co.jp/
発　売	株式会社インプレス
	〒101-0051　東京都千代田区神田神保町一丁目105番地
印刷・製本	大日本印刷株式会社

Printed in Japan
©2018 Yuji Mori. All rights reserved.

本書は、著作権法上の保護を受けています。著作権者および株式会社エムディエヌコーポレーションとの書面による事前
の同意なしに、本書の一部あるいは全部を無断で複写・複製、転記・転載することは禁止されています。

定価はカバーに表示してあります。

造本には万全を期しておりますが、万一、落丁・乱丁などがございましたら、送料小社負担にてお取り替えいたします。
お手数ですが、カスタマーセンターまでご返送ください。

落丁・乱丁本などのご返送先	〒101-0051　東京都千代田区神田神保町一丁目105番地
	株式会社エムディエヌコーポレーション カスタマーセンター
	TEL：03-4334-2915
書店・販売店のご注文受付	株式会社インプレス　受注センター
	TEL：048-449-8040 ／ FAX：048-449-8041

■ 内容に関するお問い合わせ先

株式会社エムディエヌコーポレーション カスタマーセンター メール窓口

info@MdN.co.jp

本書の内容に関するご質問は、Eメールのみの受付となります。メールの件名は「InDesignプロフェッショナルの教
科書 CC 2018～CS6対応版」、本文にはお使いのマシン環境（OS、バージョン、搭載メモリなど）をお書き添えください。
電話やFAX、郵便でのご質問にはお答えできません。ご質問の内容によりましては、しばらくお時間をいただく場合が
ございます。また、本書の範囲を超えるご質問に関しましてはお答えいたしかねますので、あらかじめご了承ください。

ISBN978-4-8443-6744-4　C3055